Krishnamurti: Selbstgespräche

KRISHNAMURTI

Selbstgespräche

Das letzte Tagebuch

Aquamarin Verlag

Titel der englischen Originalausgabe:
Krishnamurti to Himself – His last Journal
(Victor Gollancz Ltd., London)

Übersetzung aus dem Englischen:
Dr. Anne Ruth Frank-Strauss

Titelbild nach einem Foto von Mark Edwards

2. Auflage 1992

Herstellung: P & P Lichtsatz GmbH · Grafing

ISBN 3-922936-72-5

Vorwort

Dieses Buch ist einmalig in seiner Art. Es ist die einzige von Krishnamurtis Publikationen, die Worte wiedergibt, die er in einen Kassettenrekorder sprach, während er völlig allein war.

Nach dem Erfolg von „Krishnamurti's Journal", das 1982 erschien, wurde er gebeten es fortzusetzen, doch da inzwischen seine Hand recht zittrig geworden war (er war siebenundachtzig), schlug man vor, daß er, statt zu schreiben, was ihn ermüden würde, diktieren solle. Diese Idee gefiel ihm. Er konnte allerdings nicht sofort damit beginnen, da er im Begriff war, nach Indien zu fliegen, und dort würde er keine Zeit für sich allein haben. Nach seiner Rückkehr nach Kalifornien, im Februar 1983, diktierte er das erste der in diesem Band enthaltenen Stücke in einen neuen Sony Kassettenrekorder.

Alle Diktate, bis auf eines, wurden in seinem Haus „Pine Cottage", im Ojai Valley, etwa einhundertdreißig Kilometer nördlich von Los Angeles, aufgenommen. Gewöhnlich diktierte er morgens im Bett, nach dem Frühstück, wenn er ungestört war.

Krishnamurti hatte sich zum ersten Mal 1922 zusammen mit seinem Bruder im Pine Cottage aufgehalten, das ihm ein Freund zur Verfügung gestellt hatte. Hier hatte er im August 1922 eine spirituelle Erfahrung, die sein Leben veränderte. Bald darauf wurde eine Stiftung gegründet, der Geld gespendet wurde, um das Haus mit einem Grundstück von sechs Morgen zu kaufen. 1978 wurde das Cottage durch einen Anbau zu einem schönen neuen Haus erweitert, in dem Krishnamurti sein ursprüngliches Schlafzimmer und ein kleines Wohnzimmer behielt.

Seine Diktate waren nicht so ausgefeilt wie sein Schreiben, und gelegentlich entfernte sich seine Stimme vom Mikrofon und wurde leiser, so daß, im Unterschied zu seinem „Notebook“ und „Journal“, um der Klarheit willen kleinere Korrekturen notwendig waren.

Der Leser kommt in diesen Stücken Krishnamurti sehr nahe – fast, so scheint es in manchen Augenblicken, bis tief in sein Bewußtsein hinein. In einigen Stücken führt er einen imaginären Besucher ein, der kommt, ihm Fragen stellt und die Antworten aus ihm hervorlockt.

Der Kern von Krishnamurtis Lehre ist hier vorhanden, und durch die Naturbeschreibungen, mit denen er die meisten der Stücke beginnt, werden manche Leser, die ihn ebenso als Dichter wie als Philosophen betrachten, mit ihrem ganzen Wesen in eine Stille geführt, die sie intuitiv für das Folgende aufnahmefähig macht. Es gibt Wiederholungen, doch scheinen diese notwendig, um seinen Ausführungen Nachdruck zu verleihen, und sie zeigen deutlich, wie jeder Tag ein völlig neuer Tag für ihn war, frei von allen Belastungen der Vergangenheit.

Seltsamerweise handelt das letzte und vielleicht schönste Stück vom Tod. Es ist für uns die letzte Gelegenheit, Krishnamurti im Selbstgespräch zu hören. Zwei Jahre später starb er in demselben Schlafzimmer im Pine Cottage.

M. L.

Ojai, Kalifornien Freitag, 25. Februar 1983

Dort am Fluß steht ein Baum, und wir haben ihn seit einigen Wochen Tag für Tag beobachtet, kurz bevor die Sonne aufgeht. Wenn die Sonne langsam am Horizont emporsteigt, über die Bäume, wird dieser besondere Baum plötzlich golden. Alle seine Blätter leuchten voller Leben, und während Du ihn beobachtest und die Stunden verstreichen – diesen Baum, auf dessen Namen es nicht ankommt, nur auf diesen schönen Baum kommt es an –, scheint sich etwas Außerordentliches über das ganze Land, über den Fluß auszubreiten. Und als die Sonne ein wenig höhersteigt, beginnen seine Blätter zu zittern, zu tanzen. Und jede Stunde scheint diesem Baum eine andere Eigenschaft zu verleihen. Bevor die Sonne aufgeht, wirkt er düster-schwermütig, ruhig, fern, voller Würde. Und wie der Tag beginnt, tanzen die Blätter im Licht und verleihen ihm jenes eigentümliche Gefühl von großer Schönheit. Bis zur Mitte des Tages hat sich sein Schatten vertieft, und Du kannst dort sitzen, vor der Sonne geschützt, und fühlst Dich niemals einsam, mit dem Baum als Gefährten. Und wie Du da sitzt, ist da eine Beziehung von tiefer, bleibender Sicherheit und eine Freiheit, wie sie nur Bäume kennen.

Gegen Abend, wenn der Himmel im Westen von der sinkenden Sonne erleuchtet ist, wird der Baum allmählich düster, dunkel, verschließt sich in sich selbst. Der Himmel hat sich nun rot, gelb, grün gefärbt, doch der Baum verbleibt still, verborgen, und er ruht über Nacht.

Wenn Du eine Beziehung zu ihm gewinnst, dann hast Du Beziehung zur Menschheit. Dann bist Du verantwortlich für diesen Baum und für alle Bäume auf der Welt. Wenn Du jedoch keine Beziehung zu den Lebewesen auf dieser Erde hast, dann kannst Du jegliche Beziehung, die Du zur Menschheit, zu allen Menschen hast, verlieren. Wir betrachten niemals zutiefst die Eigenart eines Baumes; wir fassen ihn niemals wirklich an, fühlen seine Festigkeit, seine rauhe Rinde und hören den Klang, der ein Teil dieses Baumes ist. Nicht den Klang des Windes in den Blättern, nicht die Brise eines Morgens, die in den Blättern zittert, sondern seinen eigenen Klang, den Klang des Stammes und den stillen Klang der Wurzeln. Du mußt außerordentlich feinfühlig sein, um diesen Klang zu hören. Dieser Klang ist nicht das Getöse der Welt, nicht das Geräusch des Schwätzens im Gehirn, nicht die Gewöhnlichkeit menschlichen Streits und menschlichen Kriegführens, sondern der Klang, der aus dem Weltall kommt.

Es ist seltsam, daß wir eine so geringe Beziehung zur Natur haben, zu den Insekten und dem hüpfenden Frosch und der Eule, die in den Bergen ruft, nach ihrem Gefährten ruft. Wir scheinen durchaus kein Gefühl für alle Lebewesen auf der Erde zu haben. Wenn wir eine tiefe, dauerhafte Beziehung mit der Natur finden könnten, dann könnten wir niemals einen Affen, einen Hund, ein Meerschweinchen um unseres eigenen Vorteils willen verletzen oder vivisezieren. Wir würden andere Wege finden, unsere Wunden zu heilen, unsere Körper zu heilen. Doch die Heilung des Geistes ist etwas völlig anderes. Diese Heilung vollzieht sich allmählich, wenn Du mit der Natur lebst, mit dieser Orange am Baum und dem Grashalm, der durch den Zement stößt, und den Bergen, die bedeckt, verborgen von den Wolken sind.

Dies ist nicht Gefühl oder romantische Einbildung, sondern die Realität einer Beziehung mit allem, was auf dieser Erde lebt und sich regt. Der Mensch hat Millionen Wale getötet, und er tötet sie weiterhin. Alles, was wir durch ihr Abschlachten gewinnen, kann man mit anderen Mitteln erhalten. Doch offenbar tötet der Mensch mit Vergnügen Tiere, das fliehende Reh, die herrliche Gazelle und den großartigen Elefanten. Wir töten einander so gerne. Dieses Töten anderer Menschen hat niemals aufgehört, während der ganzen Geschichte menschlichen Lebens auf dieser Erde. Wenn wir eine tiefe, bleibende Beziehung mit der Natur herstellen könnten, und das müssen wir, mit den wirklichen Bäumen, den Büschen, den Blumen, dem Gras und den schnell dahinziehenden Wolken, dann würden wir niemals einen anderen Menschen morden, aus welchem Grund auch immer. Organisierter Mord ist Krieg; und wenn wir auch gegen einen besonderen Krieg demonstrieren, den nuklearen oder irgendeine andere Art von Krieg, haben wir doch niemals gegen den Krieg selbst demonstriert. Wir haben niemals gesagt, einen anderen Menschen zu töten ist die größte Sünde auf Erden.

Montag, 28. Februar 1983

Fliegt man in einer Höhe von zwölftausend Metern von einem Kontinent zum anderen, sieht man nichts als Schnee, meilenweit Schnee; alle Berge und Hügel sind mit Schnee bedeckt, und auch die Flüsse sind zugefroren. Du siehst sie wandern, sich winden, über das ganze Land. Und ganz tief dort unten sind die entlegenen Farmen mit Eis und Schnee bedeckt. Es ist ein langer, ermüdender Flug von elf Stunden. Die Passagiere schwatzten unaufhörlich. Ein Ehepaar saß hinter einem, und sie hörten nicht auf zu reden, sahen nie die Herrlichkeit dieser wunderbaren Hügel und Berge, sahen niemals die anderen Passagiere an. Offenbar waren sie ganz von ihren eigenen Gedanken in Anspruch genommen, von ihren eigenen Problemen, ihrem Geschwätz. Und endlich, nach einem langwierigen, ruhigen Flug, mitten im Winter, landest Du in der Stadt am Pazifik.

Nach dem Lärm und Tumult verläßt Du die häßliche, ausgedehnte, vulgäre, schreiende Stadt mit den endlosen Geschäften, die fast alle dieselben Sachen verkaufen. Du läßt das alles hinter Dir, wenn Du an der Küstenstraße am blauen Pazifik entlangfährst, am Meeresstrand entlang, auf einer schönen Straße, die durch die Berge wandert, oft wieder dem Meer begegnet; und wenn Du den Pazifik zurückläßt und landeinwärts abbiegst, den Windungen über einige kleine Hügel folgst, so friedlich, ruhig, erfüllt von der seltsamen Würde des Landes, dann kommst Du in das Tal. Dort hast Du in den letzten sechzig Jahren gelebt, und jedesmal staunst Du, wenn Du in das Tal kommst. Es ist ruhig, fast unberührt von Menschen. Du kommst in dieses

Tal, das fast wie eine riesige Schale ist, ein Nest. Dann verläßt Du das kleine Städtchen und fährst bergauf bis zu etwa vierhundert Metern Höhe, vorbei an Reihen um Reihen von Orangenbäumen und Hainen. Die Luft ist parfümiert von Orangenblüten. Das ganze Tal ist erfüllt von diesem Duft. Und der Geruch ist in Deinem Geist, in Deinem Herzen, in Deinem ganzen Körper. Es ist das ganz außerordentliche Gefühl, in einem Duft zu leben, der etwa drei Wochen oder länger anhält. Und in den Bergen herrscht eine solche Stille, solche Würde. Und jedesmal, wenn Du auf diese Hügel blickst und den Berg, der mehr als achtzehnhundert Meter hoch ist, dann bist Du wirklich erstaunt, daß ein solches Land existiert. Jedesmal, wenn Du in dieses stille, friedliche Tal kommst, ist da ein Gefühl seltsamer Entrücktheit, tiefer Stille und einer stetig zunehmenden Verlangsamung der Zeit.

Der Mensch versucht, das Tal zu verderben, doch es ist davor bewahrt worden. Und die Berge waren an jenem Morgen ungewöhnlich schön. Du konntest sie fast berühren. Erhabenheit, ein unendliches Gefühl von Beständigkeit geht von ihnen aus. Und leise betrittst Du das Haus, in dem Du über sechzig Jahre gelebt hast, und die Atmosphäre, die Luft ist, wenn man das Wort gebrauchen darf, heilig; Du kannst es fühlen. Du kannst es fast berühren. Da es ziemlich geregnet hat, denn es ist die Regenzeit, sind alle Hügel und die kleinen Falten des Berges grün, blühend, voll – die Erde lächelt mit einem solchen Entzücken, mit einem tiefen, stillen Verstehen ihres eigenen Daseins.

„Sie haben immer wieder gesagt, daß der Geist, oder wenn Sie wollen, das Gehirn, still sein muß, sich von allem Wissen, das es angesammelt hat, befreien muß, nicht nur um frei zu sein, sondern um etwas zu verstehen, das nicht aus der Zeit oder dem Denken oder irgendwelchem Handeln kommt. Sie haben dies auf verschiedene Weise in den meisten Ihrer Reden gesagt, und ich finde es schrecklich schwer, nicht nur die Idee in ihrer Tiefe zu begreifen, sondern das Gefühl einer stillen Leere, wenn ich das Wort gebrauchen darf. Ich konnte mich da nie hineinfühlen. Ich habe verschiedene Methoden ausprobiert, um das Geschwätz in meinem Gehirn zu beenden, dieses endlose Beschäftigtsein mit diesem oder jenem, eben dieses Beschäftigtsein, das sich selbst seine Probleme schafft. Und so wie man lebt, ist man in all dem gefangen. Dies ist unser tägliches Leben, das Langweilige, das Gerede, das in einer Familie stattfindet, und wenn nicht geredet wird, dann gibt es immer das Fernsehen oder ein Buch. Der Geist scheint zu verlangen, beschäftigt zu sein, sich von einer Sache zur anderen zu bewegen, von Wissen zu Wissen, von Handeln zu Handeln, in der unaufhörlichen Bewegung des Denkens."

„Wie wir bereits gesagt haben, das Denken kann nicht durch einen Entschluß, durch eine Entscheidung des Willens zum Stillstand kommen, noch durch das dringende Verlangen, in diesen Zustand ruhiger, stiller Leere zu gelangen."

„Ich bin begierig nach etwas, von dem ich denke, von dem ich fühle, daß es wahr ist, das ich haben möchte, doch hat es sich mir immer entzogen, es war mir immer unerreichbar. Ich bin, wie so oft, gekommen, um mit Ihnen zu sprechen: Warum ist in meinem täglichen Leben, in meinem Berufsleben, nicht das Unverrück-

bare, das Beständige dieser Stille? Warum ist sie nicht in meinem Leben? Ich habe mich gefragt, was ich tun soll. Ich erkenne aber auch, daß ich nicht viel tun kann, vielmehr überhaupt nichts dazu tun kann. Doch quält es mich, und es läßt mir keine Ruhe. Ich kann es nicht aufgeben. Wenn ich es nur einmal erleben könnte, dann würde ich von dieser Erinnerung zehren, dann würde diese bloße Erinnerung einem wirklich recht törichten Leben einen Sinn geben. So bin ich gekommen, um diese Sache zu untersuchen, zu ergründen: warum verlangt es den Geist – oder vielleicht besser gesagt, das Gehirn – beschäftigt zu sein?"

Dienstag (Donnerstag, d. Ü.), 10. März 1983

Als man unlängst einen abgelegenen Waldweg entlang ging, fern vom Lärm und der Brutalität und der Gewöhnlichkeit der Zivilisation, ganz fort von allem, was von Menschen errichtet wurde, war da ein Gefühl von großer Stille, die alle Dinge umhüllte – friedlich, entrückt und erfüllt vom Klang der Erde. Als Du da leise einhergingst, um die Lebewesen der Erde nicht zu stören, die Büsche, die Bäume, die Grillen, die Vögel, waren da plötzlich, um eine Biegung herum, zwei kleine Geschöpfe, die miteinander stritten, ihren kleinen Kampf ausfochten. Das eine versuchte, das andere zu vertreiben. Es versuchte, in die kleine Höhle des anderen einzudringen, und der Besitzer wehrte es ab. Jetzt gewann der Besitzer, und das andere rannte davon. Wieder war Ruhe, ein Gefühl tiefer Einsamkeit; und als Du aufschautest, klomm der Pfad hoch in die Berge hinein, der Wasserfall murmelte leise zur Seite des Pfades hinab; da war große Schönheit und unendliche Würde, nicht die Würde, die vom Menschen erworben wird, die so eitel und arrogant wirkt. Das kleine Geschöpf hatte sich mit seiner Behausung identifiziert, wie auch wir Menschen es tun. Wir versuchen immer, uns mit unserer Rasse, unserer Kultur, mit den Dingen, an die wir glauben, zu identifizieren, mit irgendeiner mystischen Gestalt oder einem Erlöser, einer Art Super-Autorität. Sich mit etwas zu identifizieren, liegt wohl in der Natur des Menschen. Vermutlich haben wir dieses Gefühl von jenem kleinen Tier übernommen.

Man fragt sich, warum diese Sucht, dieses Sehnen nach

Identifikation existiert. Man kann die Identifikation mit seinen physischen Bedürfnissen verstehen – den notwendigen Dingen, Kleidung, Nahrung, Obdach und so weiter. Doch innerlich, innerhalb der Haut sozusagen, versuchen wir, uns mit der Vergangenheit, mit Tradition, mit einer phantastischen, romantischen Idee, einem vertrauten Symbol zu identifzieren. Gewiß liegt in dieser Identifikation ein Gefühl der Sicherheit, Geborgenheit, ein Gefühl der Zugehörigkeit und des Besitzens. Dies ist etwas sehr Tröstliches. Man schöpft Trost, Sicherheit aus jeder Form von Illusion; und offenbar braucht der Mensch viele Illusionen.

In der Ferne hört man den Schrei einer Eule, und ein tiefkehliger Antwortschrei kommt von der anderen Seite des Tales. Die Morgendämmerung hält noch an. Der Lärm des Tages hat noch nicht begonnen und alles ist ruhig. Es ist etwas Seltsames und Heiliges da, wenn die Sonne aufgeht. Da ist ein Gebet, ein Gesang an die Dämmerung, an dieses seltsame, stille Licht. An diesem frühen Morgen war das Licht gedämpft, keine Brise rührte sich, und alle Pflanzen, Bäume und Sträucher verharrten ruhig, still, abwartend. Warteten, daß die Sonne aufging. Und vielleicht würde die Sonne erst in etwa einer weiteren halben Stunde heraufkommen, und langsam überzog die Dämmerung die Erde mit einer seltsamen Stille.

Allmählich, langsam wurde der höchste Berg heller, und die Sonne berührte ihn, golden, klar, und der Schnee war rein, unberührt vom Licht des Tages.

Als Du höher stiegst und die kleinen Dorfstraßen, den Lärm der Erde unten zurückließest, begannen die Grillen, die Wachteln und die anderen Vögel ihr Morgenlied, ihren Gesang, ihre überschwengliche Anbetung des Tages. Und als die Sonne aufging, warst Du ein Teil dieses Lichts und hattest alles hinter Dir gelassen, was das Denken erschaffen hatte. Du vergaßest Dich selbst völlig. Die Psyche war leer von ihren Kämpfen und Schmerzen. Und während des Gehens, Steigens, da war kein Gefühl des Getrenntseins, nicht einmal das Gefühl, ein Mensch zu sein.

Der Morgennebel zog sich langsam im Tal zusammen, und dieser Nebel warst Du, der immer dichter wurde, sich mehr und mehr in die Einbildung, die Romantik, die Narrheit Deines eigenen Lebens verdichtete. Und nach einer langen Zeit stiegst Du herunter. Da war das Wispern des Windes, der Insekten, die Rufe vieler Vögel. Und als Du herunterkamst, löste der Nebel sich auf. Da waren Straßen, Läden, und die Herrlichkeit der Morgendämmerung schwand schnell dahin. Und Du begannst Deine tägliche Routine, gefangen in der Gewohnheit der Arbeit, im Streit zwischen den Menschen, den Trennungen durch Identifikationen, der Trennung durch Ideologien, den Vorbereitungen für Kriege, Deinem eigenen inneren Schmerz und dem endlosen Leiden der Menschheit.

Freitag, 11. März 1983

Es war ein kühler, frischer Morgen, und da war das Licht, das es nur in Kalifornien gibt, besonders in seinem südlichen Teil. Es ist wirklich ein ganz besonderes Licht.

Wir sind wohl über die ganze Welt gereist, zumindest den größten Teil der Welt, wir haben verschiedene Lichter und Wolken in vielen Teilen der Erde gesehen. Die Wolken in Holland sind sehr dicht; hier in Kalifornien scheinen die Wolken am blauen Himmel das Licht auf ewig in sich zu halten – das Licht, das in großen Wolken ist, mit ihrer ungewöhnlichen Form und Beschaffenheit.

Es war ein kühler, sehr angenehmer Morgen; und als Du den felsigen Pfad hinauf zur großen Höhe erklommst und hinunter ins Tal schautest und sahst die vielen Reihen von Orangenbäumen, Avocados und die Hügel rings um das Tal, da war es, als ob Du Dich außerhalb dieser Welt befändest, so völlig warst Du allen Dingen entrückt, der Mühsal, den häßlichen Reaktionen und Handlungen der Menschen. Du hast das alles hinter Dir gelassen, während Du den felsigen Pfad hoch und immer höher stiegst. Weit dort drunten ließest Du die Eitelkeit, die Arroganz, die Gewöhnlichkeit von Uniformen mit Auszeichnungen über der ganzen Brust und die Eitelkeit und die seltsamen Trachten der Priester zurück. Das alles hast Du hinter Dir gelassen.

Während Du aufwärts stiegst, wärest Du fast auf eine Wachtelmutter mit ihrem Dutzend oder mehr kleinen Küken getreten, und sie huschten piepsend ins Gebüsch. Und als Du weiter hinaufgingst und zurückschautest, da hatte die Mutter sie wieder um sich versammelt, und sie waren ganz geborgen unter den Flügeln ihrer Mutter.

Du mußtest Stunde um Stunde steigen, um die große Höhe zu erreichen. An manchen Tagen hast Du, ein wenig abseits, einen Bären gesehen, und er beachtete Dich nicht. Und auch die Rehe auf der anderen Seite des Wassergrabens schienen unbesorgt zu sein. Endlich erreichtest Du die Höhe eines Felsplateaus, und über die Hügel nach Südwesten sahst Du das ferne Meer, so blau, so ruhig, so unendlich weit weg. Du saßest auf einem Felsen, glatt, rissig, den die Sonne wohl seit Jahrhunderten erbarmungslos zerfurcht haben muß. In den schmalen Rissen sahst Du winzig kleine Lebewesen umhereilen, und da war diese äußerste Stille, vollkommen und unendlich. Ein sehr großer Vogel – man nennt ihn Kondor – kreiste am Himmel. Außer dieser Bewegung rührte sich nichts, nur die winzig kleinen Insekten. Doch da war diese Stille, die nur dort herrscht, wo der Mensch zuvor nicht gewesen ist; es war so friedlich.

Du hast alles hinter Dir zurückgelassen in dem kleinen Dorf ganz weit unter Dir. Buchstäblich alles: Deine Identität, falls Du eine hattest, Deinen Besitz, den Besitz Deiner Erfahrungen, Deiner Erinnerungen an Dinge, die Dir etwas bedeuteten – all das hast Du zurückgelassen, dort unten zwischen den schimmernden Hainen und Plantagen. Hier war absolute Stille, und Du warst völlig allein. Es war ein wunderbarer Morgen, und die kühle Luft, die nun kälter wurde, umhüllte Dich, und Du warst allem völlig entrückt. Da war nichts und noch einmal nichts.

Du solltest wirklich das Wort Meditation vergessen. Das

Wort ist verfälscht worden. Die gewöhnliche Bedeutung dieses Wortes – über etwas nachsinnen, etwas betrachten, nachdenken – ist recht trivial und gewöhnlich. Wenn Du das Wesen der Meditation verstehen willst, solltest Du das Wort wirklich vergessen, denn Du kannst unmöglich mit Worten messen, was nicht meßbar ist, was über alles Maß hinausgeht. Worte können es nicht vermitteln, noch irgendwelche Systeme und Denkweisen, weder Übung noch Disziplin. Meditation – oder besser wir fänden ein anderes Wort, das nicht so entstellt, so gewöhnlich, so verfälscht worden ist, zu einem Mittel, um eine Menge Geld zu verdienen –, wenn Du das Wort beiseite lassen kannst, dann wirst Du leise und sanft eine Bewegung verspüren, die nicht aus der Zeit kommt. Doch auch das Wort Bewegung beinhaltet Zeit – was gemeint ist, ist eine Bewegung, die weder Anfang noch Ende hat. Eine Bewegung im Sinne einer Welle: Welle um Welle, die nirgends beginnt und sich an keinem Strand brechen kann. Es ist eine endlose Welle.

Zeit jedoch, so langsam sie auch sein mag, ist ziemlich ermüdend. Zeit bedeutet Wachstum, Entwicklung, Werden, Vollbringen, Lernen, Veränderung. Zeit ist nicht das Wesen dessen, das weit über das Wort Meditation hinausgeht. Zeit hat nichts damit zu tun. Zeit ist das Wirken des Willens, des Verlangens, und Verlangen kann in keiner Weise – [Wort oder Worte hier unverständlich] – es geht weit über das Wort Meditation hinaus.

Hier, wenn man auf diesem Felsen sitzt, unter dem blauen Himmel – er ist erstaunlich blau –, hier ist die Luft so rein, so unverschmutzt. Weit jenseits dieser Bergkette liegt die Wüste. Du kannst sie sehen, meilenweit. Es ist wirklich eine zeitlose Wahrnehmung dessen, was ist. Es ist nur diese Wahrnehmung, die sagen kann, es ist.

Du saßest dort und beobachtest, wie es Dir schien, viele Tage, viele Jahre, viele Jahrhunderte lang. Als die Sonne sich auf das Meer herabsenkte, machtest Du Dich auf den Weg zurück ins Tal, und alles um Dich her war leuchtend, der Grashalm dort, der Sumac (ein wilder Strauch), der hochragende Eukalyptus und die blühende Erde. Es brauchte Zeit herunterzukommen, so wie es Zeit gebraucht hatte hinaufzusteigen. Doch das, was ohne Zeit ist, kann nicht mit Worten gemessen werden; und Meditation ist nur ein Wort. Die Wurzeln des Himmels sind in tiefer, bleibender Stille.

11. März 1983 (Fortsetzung)

Es war wirklich ein besonders lieblicher, klarer, schöner Morgen, Tau lag auf jedem Blatt. Und als die Sonne langsam aufstieg und sich still über das schöne Land ausbreitete, da war großer Friede in diesem Tal. Die Bäume waren voll von Orangen, kleinen aber vielen. Allmählich erleuchtete die Sonne jeden Baum und jede Orange. Als Du auf dieser Veranda saßest, mit dem Blick über das Tal, fielen da die langen Schatten des Morgens. Der Schatten ist ebenso schön wie der Baum. Wir wollten hinaus, nicht mit dem Auto, sondern hinaus unter die Bäume, die frische Luft zu riechen und den Duft der vielen Orangen und der Blumen, und um dem Klang der Erde zu lauschen.

Später stieg man hinauf bis zum höchsten Punkt des Berges und überblickte das weite Tal. Die Erde gehört niemandem. Sie ist das Land, auf dem wir alle viele Jahre leben müssen, pflügend, erntend und zerstörend.

Du bist immer Gast auf dieser Erde und hast die Mäßigkeit eines Gastes. Mäßigkeit geht viel tiefer, als nur wenige Dinge zu besitzen. Das Wort Mäßigkeit selbst ist von den Mönchen, den Sannyasis, den Eremiten verdorben worden. Allein auf diesem Hügel sitzend, in der Einsamkeit vieler Dinge, vieler Felsen und kleiner Tiere und Ameisen, hatte das Wort keine Bedeutung.

Hinter den Bergen, in weiter Ferne, war das weite, schimmernde, glitzernde Meer. Wir haben die Erde auseinandergerissen in Dein und Mein – Deine Nation und meine Nation, Deine Fahne und seine Fahne, diese besondere Religion und die Religion des Menschen in der Ferne.

Die Welt, die Erde ist aufgeteilt, auseinandergebrochen. Und um sie kämpfen wir und hadern, und die Politiker schwelgen in ihrer Macht, um diese Aufteilung aufrechtzuerhalten, sie betrachten niemals die Welt als ein Ganzes. Sie haben kein globales Bewußtsein. Sie fühlen nie und begreifen auch niemals die grenzenlose Möglichkeit, keine Nationalität, keine Trennung zu haben, sie können niemals das Häßliche ihrer Macht, ihrer Stellung und des Gefühls ihrer Wichtigkeit begreifen. Sie sind wie Du und alle anderen, nur daß sie mit ihren lächerlichen kleinen Begierden und Ambitionen den Sitz der Macht innehaben, und deshalb halten sie offensichtlich, seit Menschen auf dieser Erde sind, an der Lebenseinstellung primitiver Stämme fest. Sie haben nicht den Geist, der sich keinem Standpunkt, keinen Idealen, keinen Ideologien verschreibt – den Geist, der sich über die Trennung von Rassen, Kulturen und Religionen, die der Mensch erfunden hat, hinwegsetzt.

Regierungen muß es geben, solange der Mensch sich nicht selbst ein Licht ist, solange er nicht sein tägliches Leben mit Ordnung, mit Achtsamkeit lebt, fleißig arbeitet, beobachtet, lernt. Er möchte sich lieber sagen lassen, was er tun soll. Er hat von den Vorfahren, den Priestern, den Gurus gesagt bekommen, was er tun soll, und er akzeptiert ihre Befehle, ihre eigentümlich destruktiven Regeln, als ob sie Götter auf dieser Erde wären; als ob sie um all die Verwicklungen dieses außerordentlich komplizierten Lebens wüßten.

Wenn man hier sitzt, hoch über allen Bäumen, auf einem Felsen, der seinen eigenen Klang hat, wie jedes lebende

Wesen auf dieser Erde, und betrachtet den blauen Himmel, klar, unbefleckt, dann fragt man sich, wie lange es dauern wird, bis der Mensch lernt, auf dieser Erde ohne Zank, Streit, Krieg und Konflikt zu leben. Der Mensch hat den Konflikt durch seine Teilung der Erde geschaffen, sprachlich, kulturell, oberflächlich. Man fragt sich, wie lange der Mensch, der sich durch so viele Jahrhunderte des Schmerzes und Kummers, der Sorgen und Freuden, der Angst und des Konflikts entwickelt hat, brauchen wird, um eine andere Lebensweise zu finden.

Als Du dort ruhig und ohne Dich zu bewegen saßest, kam eine Wildkatze, ein Luchs, herunter. Da der Wind in Richtung des Tales blies, nahm sie den Geruch dieses Menschen nicht wahr. Sie schnurrte, rieb sich an einem Felsen, den kleinen Schwanz erhoben, und freute sich am Wunder der Erde. Dann verschwand sie hügelabwärts im Gesträuch. Sie beschützte ihre Lagerstatt, ihre Höhle oder ihren Schlafplatz. Sie beschützte, was sie brauchte, beschützte ihre Jungen, spähte Gefahren aus. Sie fürchtete den Menschen mehr als alles andere, den Menschen, der an Gott glaubt, den Menschen, der betet, den Menschen, der reich ist, mit seinem Gewehr, mit seinem Töten als Sport. Du konntest die Wildkatze fast riechen, als sie an Dir vorbeiging. Du warst so bewegungslos, so vollkommen still, daß sie Dich nicht einmal ansah; Du warst ein Teil dieses Felsens, ein Teil der Umwelt.

Warum, fragt man sich, sieht der Mensch nicht ein, daß er friedlich leben kann, ohne Kriege, ohne Gewalt; wie lange wird er dazu brauchen, wie viele, viele Jahrhunderte, um dies zu erkennen? Aus den vergangenen Jahrhunderten mit tausenden von vergangenen Tagen hat er nicht gelernt. Was er jetzt ist, das wird seine Zukunft sein.

Es wurde zu heiß auf dem Felsen. Du konntest die zunehmende Hitze durch Deine Hosen hindurch spüren, so standest Du auf und gingst hinunter und folgtest dem Luchs, der längst verschwunden war. Da waren andere Tiere: die Zieselmaus, die Königsschlange und eine Klapperschlange. Sie gingen still ihren Beschäftigungen nach. Die Morgenluft verschwand; allmählich war die Sonne in den Westen gewandert. Es würde ein, zwei Stunden dauern, bis sie hinter diesen Bergen mit ihren wunderbar geformten Felsen und den Abendfarben Blau, Rot und Gelb unterging. Dann würde die Nacht beginnen, die Nachtgeräusche würden die Luft erfüllen; erst spät in der Nacht würde völlige Stille sein. Die Wurzeln des Himmels sind von einer großen Leere, denn in Leere ist Energie, unbestimmbar, unermeßlich und unergründlich.

Dienstag, 15. März 1983

Dieses Ende des Tales war friedlich, besonders an diesem lieblichen, ruhigen Morgen, man hörte kein Verkehrsgeräusch. Die Hügel lagen hinter Dir, und der höchste Berg in dieser Gegend war über zweitausend Meter hoch. Das Haus ist von Obstanlagen umgeben, leuchtend gelben Orangen, und der Himmel war blau, ohne eine einzige Wolke. Du konntest an diesem noch ruhigen Morgen das Summen der Bienen in den Blumen hören. Der alte Eichbaum* hinter dem Haus hatte ein hohes Alter; die starken Winde hatten viele tote Äste abgebrochen. Er hatte viele Stürme überlebt, viele Sommer mit großer Hitze und die kalten Winter. Er könnte Dir wohl viele Geschichten erzählen, aber heute morgen war er sehr still, keine Brise regte sich. Alles um Dich her war voll von Grün und leuchtenden Orangen, gelb und schimmernd, und Duft erfüllte die Luft – der Duft von Jasmin.

Dieses Tal ist weit entfernt von all dem Lärm und Gewühl des menschlichen Treibens, von der Menschheit, von all dem Häßlichen, das in der Welt geschieht. Die Orangenbäume begannen gerade, ihre frischen jungen Blüten zu zeigen. Ihr Duft und das Summen von Tausenden von Bienen würde in ein, zwei Wochen das Tal erfüllen. Es war ein friedlicher Morgen, und fern von all dem lag die kranke Welt, eine Welt, die immer gefährlicher, immer korrupter wird, unendlich stumpf in ihrer Suche nach religiöser und

* die immergrüne kalifornische Steineiche.

sonstiger Unterhaltung. Die Oberflächlichkeit des Daseins floriert. Geld scheint der höchste Wert im Leben zu sein, und damit einher gehen natürlich Macht, Rang und der ganze Jammer davon.

„An einem so schönen Morgen möchte ich mit Ihnen über ein recht trauriges, beängstigendes Thema sprechen, über das Gefühl banger Vorahnung, das die Menschheit und auch mich selbst erfüllt. Ich möchte wirklich verstehen, nicht nur intellektuell oder beschreibend, weshalb ich, wie so viele andere, das Enden des Lebens fürchte.

Wir töten so leicht – man nennt es Blut-Sport. Wir schießen Vögel zum Vergnügen, um unsere Geschicklichkeit zu zeigen, jagen den Fuchs, töten millionenfach die Geschöpfe des Meeres; Tod scheint überall zu sein. Wenn man auf dieser ruhigen Veranda sitzt und die leuchtend gelben Orangen betrachtet, da scheint es schwierig, ja eigentlich unpassend, über etwas zu sprechen, das so beängstigend ist. Der Mensch hat durch die Jahrhunderte niemals wirklich diese Sache, die man Tod nennt, enträtseln oder verstehen können.

Natürlich habe ich mich mit den verschiedenen religiösen und wissenschaftlichen Rationalisierungen und Glaubensinhalten beschäftigt, die alle wahr zu sein beanspruchen; manche sind logisch, tröstlich, doch Tatsache bleibt, daß die Furcht vor dem Unbekannten immer vorhanden ist.

Ich habe diese Tatsache mit einem Freund erörtert, dessen Frau kürzlich gestorben ist. Er war ein recht einsamer Mann, und er neigte nicht nur dazu, in Erinnerungen zu leben, sondern auch durch Seancen, Medien und dergleichen herauszufinden, ob seine Frau, die er wirklich liebte, sich einfach in Luft aufgelöst habe, oder ob sie in einer anderen Dimension, in einer anderen als dieser Welt, weiterlebte.

Er sagte: „Seltsamerweise geschah es, daß in einer dieser Seancen das Medium meinen Namen erwähnte und sagte, sie habe eine Botschaft von meiner Frau. Und diese Botschaft war etwas, was nur sie und ich wußten. Natürlich könnte das Medium meine Gedanken gelesen haben, oder meine Frau könnte noch existieren. Dieser Gedanke lag in der Luft, der Gedanke an dieses Geheimnis zwischen uns. Ich habe viele Menschen nach ihren Erfahrungen befragt. Alles scheint so unwesentlich und ziemlich dumm, auch die Botschaft meiner Frau, die so trivial, so überaus bedeutungslos war."

„Ich will nicht mit Ihnen diskutieren, ob es etwas im Menschen gibt, das nach dem Tode weiterbesteht. Das interessiert mich nicht. Manche sagen, es gibt ein Weiterleben, andere sagen, es gibt nur die völlige Vernichtung. Dieser Widerspruch – Vernichtung, völliges Enden einer Person oder das Fortleben dieses Individuums – durchzieht die ganze Literatur, von den Klassikern bis zur Gegenwart. Doch für mich ist das alles nebensächlich. Das hat nur Gültigkeit im Bereich der Spekulation, des Aberglaubens, des Glaubens und des Verlanges nach Trost, Hoffnung. Mich interessiert das alles wirklich nicht. Ganz bestimmt nicht. Zumindest bin ich mir dessen ganz sicher. Doch ich würde gerne, wenn es Ihnen recht ist, mit Ihnen über den Sinn von all dem sprechen, über diese ganze Angelegenheit des Lebens und Sterbens. Ist das völlig sinnlos, vage, ohne jegliche Tiefe, ohne die geringste Bedeutung? Millionen sind gestorben, und Millionen werden geboren werden und so weitermachen und sterben. Ich bin einer von ihnen. Ich frage mich immer wieder: Was ist der Sinn des Lebens und Sterbens? Die Erde ist schön. Ich bin viel gereist, habe mit

vielen Menschen gesprochen, die angeblich weise und gelehrt sind, doch auch sie sterben.

Ich bin von weither gekommen, und ich hoffe, Sie werden so freundlich sein und sich die Zeit nehmen und die Ruhe und Geduld haben, mit mir über dieses Thema zu sprechen."

„Zweifel ist etwas Kostbares. Er reinigt, läutert den Geist. Das bloße Infragestellen, die bloße Tatsache, daß die Saat des Zweifels in einem steckt, hilft Klarheit in unsere Untersuchung zu bringen. Nicht nur, daß man bezweifelt, was alle anderen gesagt haben, einschließlich der ganzen Idee der Wiedergeburt und des christlichen Glaubens und Dogmas der Auferstehung, sondern auch die Annahme der asiatischen Welt, daß es ein Fortleben gibt. Darin, daß man dies alles anzweifelt, in Frage stellt, liegt eine gewisse Freiheit, die für unser Fragen notwendig ist. Wenn man all dies beiseite läßt, tatsächlich, nicht nur verbal, sondern all dies tief in einem selbst verneint, dann ist man ohne Illusion. Und es ist notwendig, völlig frei von jeglicher Illusion zu sein – den Illusionen, die uns aufgenötigt wurden, und den Illusionen, die wir uns selbst geschaffen haben. Alle Illusionen sind Dinge, mit denen wir spielen, und wenn man ernst ist, dann gibt es für diese durchaus keinen Raum, auch der Glaube hat damit nichts zu tun. Wenn man also dies alles beiseite läßt, nicht nur für den Augenblick, sondern wenn man das Unwahre darin sieht, dann ist der Geist nicht in der Unwahrheit befangen, die der Mensch über den Tod, über Gott, über all die vom Denken erschaffenen Rituale erfunden hat. Man muß frei sein von Meinung und Urteil, denn nur dann kann man bewußt, wirklich, behutsam in den Sinn des täglichen Lebens und Sterbens eindringen – das Sein und das Ende des Seins. Wenn man darauf eingestellt oder willens ist,

oder besser noch, wenn einem wirklich zutiefst daran gelegen ist, die Wahrheit über diese Sache herauszufinden (Leben und Sterben ist ein sehr vielschichtiges Problem, eine Frage, die sehr gründlich untersucht werden muß), wo soll man dann beginnen? Mit dem Leben oder mit dem Tod? Mit Leben oder mit dem Enden dessen, was wir Leben nennen?"

„Ich bin über Fünfzig und habe ziemlich extravagant gelebt, hatte viele, viele Interessen. Vielleicht sollte ich anfangen mit – ich bin so unschlüssig, bin mir im Zweifel, womit ich anfangen soll."

„Ich finde, wir sollten mit dem Anfang des Seins, des menschlichen Daseins beginnen, mit unserem Dasein als Mensch."

„Ich bin in eine ziemlich wohlhabende Familie hineingeboren, wurde mit Sorgfalt erzogen und ausgebildet. Ich war in verschiedenen Unternehmen und habe genug Geld: Nun bin ich ein alleinstehender Mann. Ich war verheiratet, hatte zwei Kinder, sie alle starben bei einem Autounfall. Und ich habe nie wieder geheiratet. Ich sollte wohl mit meiner Kindheit beginnen. Von Anfang an war, wie in jedem anderen Kind auf der Welt, ob arm oder reich, ein ausgeprägtes Innenleben da, die Ichbezogenheit. Es ist seltsam, wenn man zurückblickt, daß es von frühester Kindheit an beginnt, diese besitzergreifende Kontinuität meiner selbst als J. Smith. Er machte die Schule durch, wurde größer, aggressiv, arrogant, gelangweilt, kam dann aufs College und auf die Universität. Und da mein Vater ein gutgehendes Geschäft betrieb, trat ich in seine Firma ein. Ich kam ganz nach oben, und durch den Tod meiner Frau und der Kinder begann ich mit meiner Suche.

Wie es allen Menschen ergeht – es war ein Schock, ein Schmerz, der Verlust der Drei, die Erinnerungen, die mit ihnen verbunden waren. Und als der Schock vorüber war, begann ich zu suchen, zu lesen, zu fragen, in verschiedene Teile der Welt zu reisen, um über diese Dinge mit einigen der sogenannten geistigen Führer, der Gurus, zu sprechen. Ich las sehr viel, aber ich war nie befriedigt. Ich möchte also vorschlagen, daß wir mit dem eigentlichen Leben beginnen, dem täglichen Aufbauen meines kultivierten, begrenzten Geistes. Und das bin ich. Sehen Sie, so war mein Leben. Mein Leben ist nichts Außergewöhnliches. Ich gehöre sozusagen zum gehobenen Mittelstand, das war zeitweilig angenehm, anregend und dann wieder langweilig, lästig, eintönig. Doch der Tod meiner Frau und der Kinder hat mich irgendwie da herausgerissen. Ich bin nicht schwermütig geworden, doch ich möchte die Wahrheit über all das wissen, wenn es so etwas gibt wie die Wahrheit über Leben und Sterben."

„Wie setzt sich die Psyche, das Ego, das Selbst, das Ich, die Person zusammen? Wie ist dieses Etwas entstanden, in dem die Idee des Individuums, des „Ich", das getrennt von allen anderen ist, ihren Ursprung hat? Wie wird diese Dynamik in Gang gesetzt, diese Eigendynamik, dieses Gefühl des Ich, des Selbst? Wir wollen das Wort „Selbst" gebrauchen, das die Person, den Namen, die Gestalt, die Charakterzüge, das Ego umschließt. Wie wird dieses Selbst geboren? Hat das Selbst bei seiner Entstehung gewisse Eigenschaften, die von den Eltern übertragen worden sind? Ist das Selbst nur eine Abfolge von Reaktionen? Ist das Selbst nichts als das Fortdauern jahrhundertealter Tradition? Ist das Selbst durch äußere Umstände zustande gekommen, durch Zufälle, Ereignisse? Ist das Selbst das Ergebnis von Evolution –

Evolution als allmählicher zeitlicher Prozeß, der das Selbst bestätigt, ihm Bedeutung verleiht? Oder, wie manche behaupten, besonders die religiöse Welt, enthält die äußere Hülle des Selbst wirklich die Seele? Und dann gibt es noch die uralten Vorstellungen der Hindus, der Buddhisten. Entsteht das Selbst durch die vom Menschen geschaffene Gesellschaft, die den Glaubenssatz bestärkt, daß Du getrennt bist vom Rest der Menschheit? In all dem sind gewisse Wahrheiten enthalten, gewisse Tatsachen, und sie alle machen das Selbst aus. Und dem Selbst wird in dieser Welt ungeheure Wichtigkeit eingeräumt. Der Ausdruck des Selbst wird in der demokratischen Welt Freiheit genannt, und in der totalitären Welt wird diese Freiheit unterdrückt, verweigert und bestraft. Würden Sie also sagen, dieser Instinkt beginnt im Kind, mit dem Drang zu besitzen? Diesen gibt es auch bei Tieren, also haben wir vielleicht den Besitzinstinkt von den Tieren übernommen. Wo immer irgendeine Form von Besitz existiert, da muß der Anfang des Selbst sein. Und aus diesem Instinkt, dieser Reaktion, nimmt allmählich das Selbst an Stärke, an Vitalität zu und wird in sich gefestigt. Der Besitz eines Hauses, der Besitz von Land, der Besitz von Wissen, der Besitz bestimmter Fähigkeiten – all das ist die Bewegung des Selbst. Und diese Bewegung verursacht das Gefühl des Getrenntseins als Individuum.

Nun kann man noch viel weiter ins Einzelne gehen: Ist das Du, das Selbst, getrennt von der übrigen Menschheit? Sind Sie, weil Sie einen anderen Namen, einen anderen physischen Organismus, bestimmte, von anderen verschiedene Neigungen haben, wie etwa eine Begabung – macht Sie das zu einem Individuum? Dieser Gedanke, daß jeder einzelne von uns auf der ganzen Welt von den anderen getrennt ist, ist das eine Realität? Oder ist vielleicht diese ganze Idee illusionär, so wie wir die Welt in getrennte

Gemeinschaften, Nationen aufgeteilt haben, was ja eigentlich eine verherrlichte Form des primitiven Stammessystems ist? Dieses Bezogensein auf sich selbst und die eigene Gruppe, die anders ist als andere Gruppen, andere ‚Selbst' – is sie das denn wirklich? Natürlich könnten Sie sagen, es ist wirklich so, da Sie Amerikaner sind, und andere sind Franzosen, Russen, Inder, Chinesen und so fort. Diese sprachliche, kulturelle, religiöse Verschiedenheit hat große Zerstörung in die Welt gebracht, schreckliche Kriege, maßloses Leid. Und in gewisser Hinsicht liegt darin auch große Schönheit, im Ausdruck bestimmter Begabungen als Maler, als Musiker, Wissenschaftler und so weiter. Würden Sie sich als ein getrenntes Individuum betrachten, mit einem getrennten Gehirn, das Ihnen und keinem anderen gehört? Es ist Ihr Denken, und Ihr Denken ist angeblich verschieden von dem eines anderen. Aber ist das Denken überhaupt individuell? Oder gibt es nur das Denken, an dem die ganze Menschheit Anteil hat, ob Sie nun die größte wissenschaftliche Begabung sind oder der unwissendste, primitivste Mensch?

Alle diese und noch mehr Fragen kommen auf, wenn wir über den Tod eines Menschen nachdenken. Würden Sie sich nun, wenn Sie dies alles betrachten, die Reaktionen, den Namen, die Gestalt, das Besitzstreben, den Drang, vom anderen getrennt zu sein, der von der Gesellschaft und der Religion genährt wird, würden Sie, wenn Sie dies alles logisch untersuchen, vernünftig, nüchtern, sich als ein Individuum betrachten? Dies ist eine wichtige Frage im Zusammenhang mit der Bedeutung des Todes."

„Ich sehe, worauf Sie hinauswollen. Ich kann intuitiv begreifen, erkennen, daß, solange ich denke, ich sei ein Individuum, mein Denken getrennt vom Denken anderer ist – meine Ängste,

meine Sorgen getrennt vom Rest der Menschheit sind. Ich habe das Gefühl – bitte berichtigen Sie mich –, daß ich ein überaus vielfältiges Leben der übrigen Menschheit auf eine sehr kleine, kleinliche Angelegenheit reduziert habe. Sagen Sie damit tatsächlich, daß ich überhaupt kein Individuum bin? Mein Denken ist nicht mein eigenes? Mein Gehirn ist nicht das meine, getrennt von dem anderen? Ist es das, worauf Sie anspielen? Ist es das, was Sie behaupten? Ist dies Ihre Schlußfolgerung?"

„Ich möchte darauf hinweisen, daß das Wort ‚Schlußfolgerung' nicht gerechtfertigt ist. Schlußfolgern bedeutet abschließen, enden, ein Argument beenden, einen Frieden schließen nach einem Krieg. Wir schließen gar nichts ab, wir machen nur auf etwas aufmerksam, denn wir müssen von Schlüssen abkommen, von Endgültigkeit und all dem. Eine solche Behauptung begrenzt, engt unser Suchen ein. Doch die Tatsache, die wahrnehmbare, rationale Tatsache ist, daß Ihr Denken und das Denken anderer einander gleichen. Der Ausdruck Ihres Denkens mag verschieden sein; Sie drücken vielleicht etwas auf die eine Weise aus, wenn Sie Künstler sind, und ein anderer, der kein Künstler ist, mag es anders ausdrücken. Sie urteilen, bewerten nach diesem Ausdruck, und der Ausdruck trennt Sie dann in einen Künstler und einen Fußballspieler. Doch Sie als Künstler und er als Fußballspieler denken. Der Fußballspieler und der Künstler leiden, sind bekümmert, haben große Schmerzen, Enttäuschungen, Ängste; der eine glaubt an Gott, und der andere glaubt nicht an Gott, der eine hat Glauben, und der andere hat keinen Glauben, aber dies ist allen Menschen gemeinsam, wenn auch jeder denkt, er sei anders. Sie mögen denken, mein Kummer sei völlig verschieden von dem eines anderen, meine Einsamkeit, meine Verzweiflung das völlige

Gegenteil von der des anderen. Das ist unsere Tradition, das ist unsere Konditionierung, so sind wir erzogen. Ich bin Araber, Sie sind Jude und so weiter. Und aus dieser Teilung entsteht nicht nur Individualität, sondern der Unterschied zwischen Völkern und Rassen. Der einzelne, der sich mit einer Gemeinschaft, mit einer Nation, mit einer Rasse, mit einer Religion identifiziert, bringt unweigerlich Konflikt unter die Menschen. Das ist ein Naturgesetz. Aber wir befassen uns nur mit den Auswirkungen, nicht mit den Ursachen von Kriegen, den Ursachen dieser Teilung.

Wir machen sie also nur darauf aufmerksam – und das ist keine Behauptung, keine Schlußfolgerung –, daß Sie, Sir, der Rest der Menschheit sind, psychologisch, im Tiefsten. Ihre Reaktionen haben Sie mit der ganzen Menschheit gemein. Ihr Gehirn ist nicht das Ihre – es hat sich durch Jahrhunderte hindurch entwikkelt. Sie mögen als Christ konditioniert sein, glauben an verschiedene Dogmen, Rituale; ein anderer hat seinen eigenen Gott, seine eigenen Rituale, doch dies alles ist durch das Denken hergestellt worden. Wir stellen also ernstlich in Frage, ob es überhaupt ein Individuum gibt. Wir sind die gesamte Menschheit; wir sind der Rest der Menschheit. Das ist keine romantische, phantastische Behauptung, und das ist wichtig, notwendig, wenn wir nun miteinander über die Bedeutung des Todes sprechen.

Was sagen Sie zu all dem, Sir?"

„Ich muß gestehen, daß ich einigermaßen verwirrt durch all diese Fragen bin. Ich weiß nicht genau, weshalb ich mich selbst immer für getrennt von Ihnen oder anderen gehalten habe. Was Sie sagen, scheint wahr zu sein, doch ich muß es mir überlegen, ich brauche etwas Zeit, um alles, was Sie bisher gesagt haben, zu verarbeiten."

„Zeit ist der Feind der Wahrnehmung. Wenn Sie über das, was wir bisher besprochen haben, nachdenken wollen, das Gesagte mit sich selbst erörtern, diskutieren, analysieren, wird das Zeit brauchen. Und Zeit ist ein ganz neuer Faktor in der Wahrnehmung des Wahren. Immerhin, wollen wir es vorerst damit genug sein lassen?"

Er kam nach ein paar Tagen wieder und schien stiller und ziemlich betroffen zu sein. Es war ein bewölkter Morgen, und es würde wahrscheinlich Regen geben. In diesem Teil der Welt ist viel mehr Regen nötig, denn hinter den Bergen liegt eine große Wüste. Daher wird es hier nachts sehr kalt.

„Ich bin wiedergekommen, nach ein paar Tagen ruhigen Nachdenkens. Ich habe ein Haus am Meer, ich lebe allein. Es ist eines dieser kleinen Wochenendhäuser am Meer, und vor sich hat man den blauen Pazifik und kann meilenweit am Strand entlanggehen. Gewöhnlich mache ich entweder morgens oder abends lange Spaziergänge. Nachdem ich vor ein paar Tagen bei Ihnen war, ging ich am Strand entlang, vielleicht acht Kilometer oder mehr, und ich beschloß, Sie wieder aufzusuchen. Zunächst war ich sehr verwirrt. Ich konnte nicht ganz verstehen, was Sie sagten, was Sie mir erklärten. Obwohl ich in diesen Dingen ein ziemlich skeptischer Mensch bin, erlaubte ich dem, was Sie gesagt hatten, meinen Geist zu beschäftigen. Nicht, daß ich es innerlich akzeptierte oder ablehnte, doch es faszinierte mich, und – ich gebrauche absichtlich das Wort ‚erlauben' – ich erlaubte, daß es mich geistig beschäftigte. Und nach einigem Zögern nahm ich ein Auto und fuhr an der Küste entlang und bog dann landeinwärts ab und kam hierher. Es ist ein schönes Tal. Ich bin froh, Sie hier anzutreffen. Können wir unser Gespräch von neulich nun fortsetzen?"

„Wenn ich es richtig verstehe, wiesen Sie darauf hin, daß Tradition, ein seit langem konditioniertes Denken, zu einer Fixierung führen kann, zu einer Idee, die man bereitwillig akzeptiert, vielleicht ohne viel dabei zu denken – man akzeptiert die Idee, daß wir getrennte Individuen sind. Und als ich mehr darüber nachdachte – ich gebrauche das Wort ‚nachdenken' in seiner üblichen Bedeutung von denken, rational erklären, in Frage stellen, argumentieren –, da war es, als ob ich eine Diskussion mit mir selbst führte, ein langes Zwiegespräch, und ich glaube, daß ich wirklich begreife, was damit alles zusammenhängt. Ich sehe, was wir aus der wunderbaren Welt, in der wir leben, gemacht haben. Ich sehe den ganzen historischen Ablauf. Und nach einem langen hin und her der Gedanken verstehe ich wirklich die Tiefe und die Wahrheit in dem von Ihnen Gesagten. Wenn Sie also Zeit haben, würde ich gerne noch viel tiefer in dies alles eindringen. Wie Sie wissen, bin ich eigentlich gekommen, um den Tod zu verstehen, doch ich sehe nun, wie wichtig es ist, mit dem Verständnis seiner selbst zu beginnen, und dann durch die Tür des Selbst – wenn man das so sagen kann – zur Frage zu kommen, was der Tod ist."

„Wie wir neulich gesagt haben, hat die ganze Menschheit am Licht der Sonne teil; das Sonnenlicht ist nicht Dein oder Mein. Es ist die lebenspendende Energie, die wir alle miteinander teilen. Die Schönheit eines Sonnenunterganges, wenn man dafür empfänglich ist, ist für alle Menschen da. Es ist nicht Ihr Sonnenuntergang im Westen, Osten, Norden oder Süden; es ist der Sonnenuntergang selbst, auf den es ankommt. Und unser Bewußtsein, in dem unsere Reaktionen und Handlungen, unsere Ideen und Konzepte und Denkschablonen, unsere Glaubenssysteme und Ideologien enthalten sind, unsere Ängste, unsere Freuden, unser

Glaube, die Anbetung unserer eigenen Projektionen, unser Leiden, unser Kummer und Schmerz – all das haben wir mit allen Menschen gemeinsam. Wir haben unser Leiden zu einer persönlichen Angelegenheit gemacht. Wir verschließen uns dem ganzen Leiden der Menschheit. Ebenso das Vergnügen – wir betrachten Vergnügen, das Erregende daran und so weiter, als etwas Privates, das uns gehört. Wir vergessen, daß der Mensch – die Frau ebenso wie der Mann, das muß nicht ausdrücklich gesagt werden –, daß der Mensch seit unvordenklichen Zeiten gelitten hat. Und daß das Leiden der Grund ist, auf dem wir alle stehen. Es ist allen Menschen gemeinsam.

Also ist unser Bewußtsein nicht wirklich Dein oder Mein; es ist das Bewußtsein des Menschen, das sich entwickelt hat, gewachsen ist, sich erweitert hat durch viele, viele Jahrhunderte hindurch. In diesem Bewußtsein sind der Glaube, die Götter, alle Rituale, die der Mensch erfunden hat, enthalten. Es ist wirklich ein Handeln des Denkens. Es ist das Denken, das den Inhalt geschaffen hat – Verhalten, Handeln, Kultur, Bestreben, das ganze Handeln des Menschen ist das Handeln des Denkens. Und dieses Bewußtsein ist das Selbst, das bin ich, das Ich, das Ego, die Persönlichkeit und so weiter. Ich halte es für notwendig, dies zutiefst zu verstehen, nicht nur argumentativ, logisch, sondern tief innerlich, so wie das Blut in uns allen ist, ein Teil von uns, die Substanz, ein natürlicher Vorgang in allen Menschen. Wenn man das versteht, dann wird unsere Verantwortung außerordentlich wichtig. Wir sind verantwortlich für alles, was auf der Welt geschieht, solange der Inhalt unseres Bewußtseins weiterbesteht. Solange die Angst, die Nationalitäten, die Sucht nach Erfolg, Sie wissen ja, was alles dazugehört, solange das alles existiert, sind wir ein Teil der Menschheit, Teil der menschlichen Bewegung.

Es ist außerordentlich wichtig, das zu verstehen. Es ist so: Das Selbst wird vom Denken zusammengesetzt. Das Denken ist, wie wir gesagt haben, nicht Dein oder Mein; Denken ist kein individuelles Denken. Denken ist etwas allen Menschen Gemeinsames, und wenn man wirklich zutiefst die Bedeutung davon erkannt hat, dann, glaube ich, können wir von Grund auf verstehen, was es bedeutet zu sterben.

Als Junge sind Sie sicher einmal einem kleinen Bach gefolgt, der durch ein enges Tal sprudelte, das Wasser lief schneller und schneller, und Sie haben etwas, ein Stöckchen, in die Strömung geworfen, haben es verfolgt, den Hang hinab, über einen kleinen Hügel, durch eine kleine Felsspalte, haben es verfolgt, bis es über den Wasserfall trieb und verschwand. Dieses Verschwinden ist unser Leben.

Was bedeutet Tod? Was ist das bloße Wort, das bedrohliche Gefühl, das es auslöst? Wir scheinen ihn nie zu akzeptieren."

Mittwoch, 16. März 1983
(Fortsetzung vom 15. März)

„Der Mensch hat den Menschen aus verschiedenen geistigen Beweggründen getötet. Er hat ihn aus religiösen Gründen getötet, er hat ihn aus patriotischen Gründen getötet, für den Frieden, er tötete ihn in organisiertem Krieg. Dies war unser Los, einander endlos zu töten.

Sir, haben Sie sich überlegt, welchen Kummer dieses Töten der Menschheit gebracht hat, den unendlichen Kummer der Menschheit, durch Jahrhunderte hindurch – wieviel Tränen, Seelenqual, Brutalität und Angst es mit sich brachte? Und es geht immer so weiter. Die Welt ist krank. Die Politiker, ob links oder rechts oder Mitte oder totalitär, werden keinen Frieden herbeiführen. Jeder einzelne von uns ist verantwortlich, und da wir verantwortlich sind, müssen wir dafür sorgen, daß das Gemetzel zu Ende geht, so daß wir auf der Erde, die unser ist, in Schönheit und Frieden leben können. Es ist eine ungeheure Tragödie, der wir nicht ins Gesicht sehen und die wir nicht beenden wollen. Wir überlassen alles den Spezialisten; und die Spezialisten sind so gefährlich wie ein tiefer Abgrund oder eine giftige Schlange.

Wenn wir das also alles beiseite lassen, welche Bedeutung hat der Tod? Was bedeutet für Sie, Sir, der Tod?"

„Für mich bedeutet es, daß alles, was ich gewesen bin, alles, was ich bin, plötzlich zu Ende geht, durch eine Krankheit, einen Unfall oder hohes Alter. Natürlich habe ich über Wiedergeburt gelesen und mich darüber mit Asiaten, mit Indern, die daran glauben, unterhalten. Ich weiß nicht, ob das wahr ist oder nicht, doch soweit ich es verstehe, bedeutet der Tod das Ende eines lebendigen

Wesens; der Tod eines Baumes, der Tod eines Fisches, der Tod einer Spinne, der Tod meiner Frau und meiner Kinder, ein plötzliches Abschneiden, ein plötzliches Enden dessen, was gelebt hatte, mit all den Erinnerungen daran, den Gedanken, Schmerzen, Ängsten, Freuden, Vergnügungen, dem Anschauen eines Sonnenunterganges miteinander – all das ist zu Ende gegangen. Und die Erinnerung an all das bringt nicht nur Tränen, sondern auch die Erkenntnis der eigenen Unzulänglichkeit, der eigenen Einsamkeit. Und der Gedanke der Trennung von der Frau und den Kindern, von den Dingen, für die man gearbeitet hat, die man geliebt hat, an die man gedacht, an denen man gehangen hat, die Bindungen und der Schmerz der Bindung, all das und noch manches andere hört plötzlich auf. Das ist es wohl, was wir damit meinen, das ist es, was Tod bedeutet. Für mich ist es das Enden."

„Ein Bild meiner Frau und der Kinder steht auf dem Klavier in meinem Wochenendhaus am Meer. Wir haben zusammen Klavier gespielt. Das ist die Erinnerung an sie im Bild auf dem Klavier, aber die Wirklichkeit ist nicht mehr da. Erinnern ist schmerzlich, oder Erinnern kann erfreuen, doch die Freude verblaßt eher, weil sie von der Trauer verdrängt wird. All das bedeutet für mich Tod. Wir hatten eine sehr liebe Perserkatze, ein sehr schönes Geschöpf. Und eines Morgens war sie dahin. Sie lag auf der vorderen Veranda. Sie mußte etwas gefressen haben – da lag sie, leblos, nichtig. Sie wird nie wieder schnurren. Das ist Tod. Das Enden eines langen Lebens, oder das Enden eines neugeborenen Kindes. Ich hatte einmal eine kleine junge Pflanze, die ein großer Baum zu werden versprach. Doch ein gedankenloser, achtloser Mensch ging vorbei, trat auf sie, und sie wird nie ein großer Baum sein. Auch das ist eine Form von Tod. Das Enden eines Ta-

ges, eines Tages, der arm war oder reich und schön, kann man auch Tod nennen. Das Beginnen und das Enden."

„Sir, was heißt leben? Vom Augenblick, in dem man geboren ist, bis man stirbt, was heißt leben? Es ist sehr wichtig zu verstehen, wie wir unser Leben führen, warum wir nach so vielen Jahrhunderten noch immer so leben. Liegt es nicht an einem selbst, Sir, wenn es ein ständiger Kampf ist? Konflikt, Schmerz, Freude, Vergnügen, Angst, Einsamkeit, Depression und Arbeit, Arbeit, Arbeit, hart arbeiten für andere oder für einen selbst; wir sind selbstsüchtig und manchmal vielleicht auch großzügig, neidisch, zornig, wir versuchen, den Zorn zu unterdrücken oder dem Zorn freien Lauf zu lassen usw. Das ist es, was wir leben nennen – Tränen, Lachen, Kummer und die Anbetung von etwas, das wir erfunden haben. Wir leben mit Lügen, Illusionen und Haß, dem ganzen Überdruß, der Langeweile, der Nichtigkeit: das ist unser Leben. Nicht nur Ihres, sondern das Leben aller Menschen auf dieser Erde, die hoffen, dem allen zu entkommen. Dieser Ablauf von Anbetung, Seelenqual, Angst ist seit ewigen Zeiten bis zum heutigen Tag so weitergegangen – harte Arbeit, Streit, Schmerz, Ungewißheit, Verwirrung und Freude und Lachen. Das alles gehört zu unserem Dasein.

Das Enden von dem allen wird Tod genannt. Tod setzt all unseren Bindungen ein Ende, wie oberflächlich oder tief sie auch sein mögen. Die Bindungen des Mönches, des Sannyasi, die Bindung der Hausfrau, die Bindung an die Familie, jede Form von Bindung muß mit dem Tod enden.

Verschiedene Probleme hängen damit zusammen: Eines ist die Frage nach der Unsterblichkeit. Gibt es so etwas wie Unsterblichkeit? Das heißt, etwas, was nicht sterblich ist, denn sterblich zu sein bedeutet, den Tod zu kennen. Das Unsterbliche ist das, was jenseits der Zeit ist und von diesem Enden nicht weiß. Ist das Selbst, das Ich, unsterblich? Oder kennt es den Tod? Das Selbst kann niemals unsterblich werden. Das ,ich', das Ich, mit all seinen Eigenschaften, ist durch Zeit, die Denken ist, hervorgebracht worden; dieses Selbst kann niemals unsterblich sein. Man kann eine Idee der Unsterblichkeit erfinden, ein Symbol, einen Gott, ein Bild, und kann sich daran festhalten und Trost aus ihm schöpfen, doch das ist nicht Unsterblichkeit.

Zweitens (das ist etwas komplizierter): Ist es möglich, mit dem Tod zu leben? Nicht morbide, nicht in irgendeiner Art von Selbstzerstörung. Warum haben wir den Tod vom Leben getrennt? Tod ist ein Teil unseres Lebens, ist Teil unseres Daseins – das Sterben und das Leben, und das Leben und Sterben. Sie sind untrennbar. Der Neid, der Zorn, der Kummer, die Einsamkeit und das Vergnügen, das man hat, das, was wir Leben nennen, und diese Sache, die man Tod nennt – warum trennt man sie? Warum hält man sie meilenweit auseinander? Ja, Meilen von Zeit auseinander. Wir akzeptieren den Tod eines alten Mannes, das ist natürlich. Aber wenn ein junger Mensch stirbt, durch Unfall oder Krankheit, lehnen wir uns dagegen auf. Wir sagen, es ist unfair, es sollte nicht sein. So trennen wir immer Leben und Tod. Das ist ein Problem, das wir behandeln und verstehen sollten – vielmehr es nicht als Problem behandeln, sondern es betrachten, seine tiefere Bedeutung sehen, ohne uns zu täuschen.

Eine andere Frage ist das Problem der Zeit – die Zeit, die zum Leben, Lernen, Erwerben, Handeln, Tun gehört, und das Enden der Zeit, wie wir sie kennen; die Zeit, die das Leben vom Enden trennt. Wo Trennung ist, Teilung, von hier nach dort, von ,was ist' zu ,was sein sollte', da ist Zeit im Spiel. Das Aufrechterhal-

ten der Teilung zwischen dem, was Tod genannt wird, und dem, was man Leben nennt, ist für mich ein wesentliches Moment.

Wo diese Teilung ist, diese Trennung, da ist Angst. Dann kommt das Bemühen, diese Angst zu überwinden, und das Suchen nach Trost, Zufriedenheit, nach einem Gefühl von Kontinuität. (Wir sprechen über den psychologischen Bereich, nicht den physischen oder technischen Bereich). Es ist die Zeit, die das Selbst hervorgebracht hat, und es ist das Denken, welches das Ego, das Selbst bestätigt. Wenn man nur wirklich, psychologisch, die Bedeutung von Zeit und Teilung begreifen könnte, dieser Trennung Mensch gegen Mensch, Rasse gegen Rasse, eine Kultur gegen die andere. Diese Trennung, diese Teilung wird durch Denken und Zeit hervorgerufen, als Leben und Sterben. Und ein Leben mit dem Tod zu leben, bedeutet eine tiefgehende Änderung in unserer ganzen Anschauung des Daseins. Bindung zu beenden ohne Zeit und Motiv, das heißt sterben, während man lebt.

Liebe ist ohne Zeit. Es ist nicht meine Liebe im Unterschied zu Deiner Liebe. Liebe ist niemals persönlich; einer mag den anderen lieben, aber wenn diese Liebe begrenzt ist, auf eine einzige Person eingeengt, dann hört sie auf, Liebe zu sein. Wo wirklich Liebe ist, da ist nicht die Teilung von Zeit, Denken und der ganzen Vielfältigkeit des Lebens, nicht all das Elend und die Verwirrung, die Ungewißheit, Eifersucht und Angst, die damit verbunden sind. Man muß die Zeit und das Denken mit besonderer Aufmerksamkeit betrachten. Nicht, daß man nur in der Gegenwart leben soll, das wäre völlig sinnlos. Zeit ist Vergangenheit, die verändert als Zukunft fortbesteht. Sie ist ein Kontinuum, und das Denken hält sich daran, klammert sich daran fest. Es klammert sich an etwas, das es selbst geschaffen, hergestellt hat.

Eine andere Frage ist: solange Menschen die gesamte Mensch-

heit repräsentieren – Sie SIND die gesamte Menschheit, Sie repräsentieren sie nicht, so wie Sie die Welt sind, und die Welt ist Sie –, was geschieht, wenn Sie sterben? Wenn Sie oder ein anderer sterben, dann sind Sie und der andere die Manifestation jenes unendlichen Stromes menschlicher Aktion und Reaktion, des Stromes des Bewußtseins, des Verhaltens und so weiter: Sie sind von diesem Strom. Dieser Strom hat den menschlichen Geist, das menschliche Gehirn konditioniert, und so lang wir von Habgier, Neid, Angst, Vergnügen, Freude und allem, was dazu gehört, konditioniert sind, sind wir Teil dieses Stromes. Ihr Organismus mag enden, doch Sie sind von diesem Strom, so wie Sie, während Sie leben, dieser Strom selbst sind. Dieser Strom, sich wandelnd, einmal langsam, ein andermal schnell, tief und flach, eingeengt von beiden Seiten des Ufers und ausbrechend aus der Enge in eine unendliche Wasserflut – solange Sie von diesem Strom sind, gibt es keine Freiheit. Es gibt keine Freiheit von der Zeit, von der Verwirrung und dem Elend der ganzen Ansammlung von Erinnerungen und Bindungen. Nur wenn dieser Strom endet, sein Ende hat, nicht wenn Sie aus ihm heraustreten und etwas ganz anderes werden, sondern wenn er sein Ende hat, nur dann ist eine ganz andere Dimension da. Diese Dimension kann nicht mit Worten ermessen werden. Das Enden ohne Motiv ist der ganze Sinn des Lebens und Sterbens. Die Wurzeln des Himmels sind im Leben und Sterben."

Donnerstag, 17. März 1983

Die Wolken hingen ganz tief heute morgen. Es regnete letzte Nacht, nicht zu viel, doch die Erde war durchtränkt, schwer, gesättigt. Betrachtet man, an einem Morgen wie diesem, wenn die Berge zwischen den Wolken schweben und einem solchen Himmel, die ungeheure Energie, die der Mensch auf dieser Erde aufgewandt hat, den riesigen technischen Fortschritt in den letzten fünfzig Jahren, alle die mehr oder minder verschmutzten Flüsse und die Verschwendung von Energie in dieser ewigen Unterhaltung, dann erscheint einem das alles so seltsam und so krank.

Auf der Veranda an diesem Morgen ist die Zeit dem Menschen nicht sehr nahe, Zeit als Bewegung, Zeit als ein Gehen von hier nach dort, Zeit zum Lernen, Zeit zum Handeln, Zeit als ein Mittel des Wechsels von diesem zu jenem in den gewöhnlichen Dingen des Lebens. Man kann verstehen, daß Zeit nötig ist, um eine Sprache zu lernen, eine Fertigkeit zu erlangen, ein Flugzeug zu bauen, einen Computer zusammenzusetzen, um die Welt zu bereisen; die Zeit der Jugend, die Zeit des Alters, Zeit als der Untergang der Sonne und das langsame Aufgehen der Sonne über den Hügeln, die langen Schatten und das Wachsen eines langsam reifenden Baumes, Zeit, um ein guter Gärtner zu werden, ein guter Zimmermann und so fort. In der physischen Welt, im psychischen Handeln wird Zeit zum Lernen notwendig und nützlich. Übertragen, erweitern wir etwa denselben Gebrauch der Zeit auf den physischen Bereich? Dehnen wir diese Art des Denkens, Handelns, Lernens auf die Welt innerhalb unserer Haut, auf den Bereich der Psyche aus, als Hoffnung, als ‚etwas werden', als sich bessern? Das klingt ziemlich absurd – das Verwandeln von diesem in jenes, von „was ist" in „was sein sollte". Man nimmt an, Zeit sei notwendig, um die ganze komplexe Eigenschaft der Gewalttätigkeit in etwas zu verwandeln, das nicht gewalttätig ist.

Wenn Du still allein dasitzt, das Tal der Länge und Breite nach überblickst, könntest Du fast die Reihen von Orangenbäumen zählen, in den schön gepflegten Anlagen. Die Schönheit der Erde, des Tals zu sehen, dazu bedarf es keiner Zeit, nur die Übertragung dieser Wahrnehmung auf eine Leinwand oder in ein Gedicht braucht Zeit. Vielleicht benutzen wir Zeit als ein Mittel, um vor dem „was ist", vor dem, was wir sind, vor dem, was die Zukunft für uns und die übrige Menschheit sein wird, zu fliehen.

Zeit im psychischen Bereich ist der Feind des Menschen. Wir wollen, daß die Psyche sich entfaltet, wächst, sich ausdehnt, erfüllt, sich in etwas mehr als sie ist verwandelt. Wir stellen nie die Richtigkeit eines solchen Verlangens, einer solchen Idee in Frage. Wir akzeptieren mühelos, womöglich freudig, daß die Psyche sich entfalten, aufblühen kann, und daß eines Tages Friede und Glück herrschen werden. Doch in Wirklichkeit gibt es keine psychische Entwicklung.

Dort ist ein Kolibri, der sich von Blume zu Blume bewegt, etwas Leuchtendes in diesem ruhigen Licht, solche Vitalität in dem kleinen Geschöpf. Die Schnelligkeit der Flügel, so phantastisch rhythmisch, ununterbrochen, er scheint sich vorwärts und rückwärts bewegen zu können.

Es ist etwas Wunderbares, ihn beobachten zu können, diese Zartheit, diese leuchtende Farbe und seine Schönheit zu bewundern, so klein, so geschwind und so schnell wieder fort. Und da sitzt eine Spottdrossel auf dem Telefondraht. Ein anderer Vogel sitzt auf der Spitze dieses Baumes, schaut über die ganze Welt. Er ist dort schon seit über einer halben Stunde, unbeweglich, doch er beobachtet, dreht das Köpfchen, um zu sehen, ob keine Gefahr ist. Jetzt ist auch er fort. Die Wolken lösen sich von den Bergen, und wie grün sind nun die Berge.

Wie wir sagten, es gibt keine psychische Entwicklung. Die Psyche kann niemals zu etwas, das sie nicht ist, werden oder wachsen. Einbildung und Arroganz können sich nicht zu besserer oder mehr Einbildung entwickeln, und auch Selbstsucht, die das allen Menschen gemeinsame Los ist, kann nicht immer selbstsüchtiger werden, nicht immer mehr ihrer eigentlichen Natur folgen. Es ist recht beängstigend zu erkennen, daß das bloße Wort „Hoffnung" die ganze Welt der Zukunft in sich trägt. Diese Bewegung von „was ist" zu „was sein sollte" ist eine Illusion, ist eigentlich, wenn man das Wort gebrauchen kann, eine Lüge. Wir akzeptieren, was der Mensch durch die Jahrhunderte als eine Tatsache wiederholt hat, aber wenn wir zu fragen, zu zweifeln beginnen, können wir, wenn wir es sehen wollen und uns nicht hinter einem Symbol oder einem phantasievollen Wortgebilde verstecken, ganz klar das Wesen und die Gestalt der Psyche, des Ego, des „ich" sehen. Das „ich" kann nie ein besseres Ich werden. Es wird es versuchen, es glaubt, es zu können, doch das „ich" bleibt in verfeinerter

Form dasselbe. Das Selbst verbirgt sich in vielen Gewändern, vielen Gestalten, es variiert zwar von Zeit zu Zeit, aber dieses Selbst ist immer da, diese trennende, egozentrische Aktivität, die sich einbildet, daß sie eines Tages etwas aus sich machen wird, was sie nicht ist.

Man sieht also, es gibt kein Werden des Selbst, es gibt nur das Enden der Sehnsucht, der Angst, des Schmerzes und Kummers, die der Inhalt der Psyche, des „ich" sind. Es gibt nur das Enden von alledem, und dieses Enden erfordert keine Zeit. Nicht, daß alles übermorgen enden wird. Es wird nur enden, wenn es seine eigene Bewegung wahrnimmt. Nicht nur objektiv wahrnehmen, ohne jegliches Vorurteil, jegliche Vorliebe, sondern wahrnehmen ohne all die Ansammlungen der Vergangenheit, dies alles beobachten ohne den Beobachter – der Beobachter ist aus der Zeit, und wie sehr er auch wünschen mag, eine Mutation in sich selbst hervorzubringen, er wird immer der Beobachter sein. Erinnerungen, wie angenehm sie auch sein mögen, haben nichts Wirkliches. Sie sind Dinge der Vergangenheit, fort, erledigt, tot: nur im Beobachten ohne den Beobachter, der Vergangenheit ist, sieht man das Wesen der Zeit und das Enden der Zeit.

Der Kolibri ist wiedergekommen. Ein Sonnenstrahl durch die aufgebrochenen Wolken hat ihn eingefangen, läßt seine Farben aufleuchten und den langen dünnen Schnabel und die Schnelligkeit dieser Flügel. Das reine Beobachten dieses kleinen Vogels, ohne jegliche Reaktion, ihn nur zu betrachten, heißt alle Schönheit der Welt zu betrachten.

„Ich hörte Sie unlängst sagen, daß Zeit der Feind des Menschen sei. Sie haben das kurz erklärt. Das scheint mir eine so unerhörte Behauptung zu sein. Und sie haben andere, ähnliche Behauptungen geäußert. Manche davon habe ich als wahr erkannt, als natürlich, doch unser Geist sieht nie mühelos das, was wirklich ist, die Wahrheit, die Tatsache. Ich fragte mich und fragte auch andere, warum unser Geist so stumpf, so langsam geworden ist, warum wir nicht augenblicklich sehen können, ob etwas falsch oder richtig ist? Weshalb brauchen wir Erklärungen, die so selbstverständlich sind, wenn Sie sie erklärt haben? Warum sehen ich und auch andere nicht das Wahre an dieser Tatsache? Was ist mit unserem Geist geschehen? Ich würde gerne, wenn Sie erlauben, mit Ihnen darüber sprechen, um herauszufinden, warum mein Geist nicht scharf, nicht schnell ist. Und kann dieser Geist, der geschult und ausgebildet ist, jemals wirklich zutiefst scharf und schnell werden und augenblicklich die Qualität und die Wahrheit oder die Unwahrheit von etwas erkennen?"

„Sir, lassen Sie uns damit anfangen zu fragen, warum wir so geworden sind. Es hat sicher nichts mit dem Alter zu tun. Ist es unsere Lebensweise – Trinken, Rauchen, Drogen, die Hast, die Müdigkeit, das ständige Beschäftigtsein? Äußerlich und innerlich sind wir mit irgendetwas beschäftigt. Liegt das in der Natur des Wissens selbst? Wir sind geschult, Wissen zu erwerben – im College, auf der Universität, oder etwas Praktisches zu tun. Ist Wissen eine der Ursachen für diesen Mangel an Geistesschärfe? Unsere Gehirne sind mit so vielen Fakten angefüllt, haben so viel Information angesammelt, aus dem Fernsehen, aus jeder Zeitung und Zeitschrift. Die Gehirne nehmen auf, soviel sie können, sie absorbieren es, halten es fest. Ist also das Wissen einer der Fakto-

ren, die die Geistesschärfe zerstören? Sie können aber nicht Ihr Wissen loswerden oder beiseitelegen; Sie brauchen Wissen, Sir, Sie brauchen Wissen, um Auto zu fahren, einen Brief zu schreiben, verschiedene Geschäfte zu erledigen; es gehört selbst Wissen dazu, einen Spaten richtig zu halten. Natürlich brauchen Sie das. Wir brauchen Wissen in der Welt des alltäglichen Lebens. Doch wir sprechen von dem Wissen, das sich im psychischen Bereich angesammelt hat, dem Wissen, das Sie über Ihre Frau gesammelt haben, falls Sie eine Frau haben; allein das Wissen, mit Ihrer Frau zehn Tage oder fünfzig Jahre gelebt zu haben, hat Ihr Gehirn abgestumpft – oder nicht? Die Erinnerungen, die Bilder, die dort aufbewahrt sind.

Wir sprechen über diese Art von innerem Wissen. Wissen hat seine besonderen oberflächlichen Feinheiten: Wann nachgeben, wann widerstehen, wann erwerben, wann nicht. Doch wir fragen: Macht nicht gerade dieses Wissen Ihren Geist, Ihr Gehirn mechanisch, automatenhaft durch Gewohnheit? Das Lexikon enthält das ganze Wissen aller Menschen, die dafür geschrieben haben. Warum läßt man nicht dieses Wissen auf dem Regal stehen und benutzt es, wenn man es braucht? Tragen Sie es nicht in Ihrem Gehirn herum.

Wir fragen: Verhindert dieses Wissen das augenblickliche Verständnis, die augenblickliche Wahrnehmung, die eine Mutation herbeiführt, diese Subtilität, die nicht in den Worten liegt? Sind wir konditioniert von den Zeitungen, von der Gesellschaft, in der wir leben, – die übrigens wir selbst geschaffen haben, denn jeder einzelne Mensch, von früheren Generationen bis zur heutigen, hat diese Gesellschaft geschaffen, sei es nun in diesem oder einem anderen Teil der Welt? Ist es die Konditionierung durch die Religionen, die unser Denken geformt hat? Wenn Sie starken Glau-

ben an eine Gestalt, an ein Symbol haben, dann verhindert allein diese Stärke die Schärfe, die Schnelligkeit.

Sind wir so ununterbrochen beschäftigt, daß kein Raum in unserem Geist und Herzen ist – Raum sowohl äußerlich wie innerlich? Wir brauchen ein wenig Raum, doch Sie können physisch keinen Raum haben, wenn Sie im Gedränge einer Stadt leben oder in Ihrer Familie eingeengt sind, bedrängt von all den Eindrücken, die Sie empfangen haben, von all dem Druck. Auch psychisch muß man Raum haben – nicht den Raum, den das Denken sich vielleicht einbildet, nicht den Raum der Vereinzelung, nicht den Raum, der Menschen voneinander trennt, politisch, religiös, rassisch, nicht den Raum zwischen Kontinenten, sondern einen inneren Raum, der ohne Mittelpunkt ist. Wo ein Mittelpunkt ist, das ist eine Peripherie, da ist ein Umkreis. Wir sprechen nicht von einem solchen Raum.

Und ist ein weiterer Grund, warum wir nicht scharfsinnig, schnell sind, daß wir Spezialisten geworden sind? Wir mögen schnell sein in unserem eigenen Spezialgebiet, doch man fragt sich, ob man, wenn man geschult, spezialisiert ist, das Wesen des Kummers, des Schmerzes, der Einsamkeit und so weiter verstehen kann. Natürlich kann man nicht darin geschult werden, einen guten, schnellen, klaren Geist zu haben, das Wort ‚geschult' bedeutet, konditioniert zu sein; und wie kann ein konditionierter Geist jemals klar sein?

Dies alles, Sir, können die Faktoren sein, die uns daran hindern, einen guten, klaren, scharfen Geist zu besitzen.“

„Vielen Dank, daß ich Sie besuchen durfte. Ich hoffe, daß einiges von dem, was Sie gesagt haben – nicht, daß ich es völlig verstanden habe –, doch daß etwas von diesen Dingen in mir aufkei-

men wird, und daß ich einiges von dieser Saat in mir wachsen, aufblühen lassen kann, ohne es zu stören. Vielleicht werde ich dann etwas ganz schnell sehen, etwas verstehen ohne große Erklärungen, Wortanalysen und dergleichen. Auf Wiedersehen."

Freitag, 18. März 1983

Am Futterhaus waren ein Dutzend oder mehr Vögel, die zwitscherten darauflos, pickten nach den Körnern, kämpften und stritten miteinander, und als ein anderer, großer Vogel kam, flatterten sie alle davon. Als der große Vogel wieder fortflog, kamen Sie alle zurück, schwatzend, streitend, zwitschernd, machten eine Menge Lärm. Jetzt kam eine Katze vorüber, und das gab eine Aufregung, ein Gekreische und großes Getue. Die Katze wurde davongejagt. Es war eine dieser wilden Katzen, keine Hauskatze. Hier in dieser Gegend gibt es eine Menge wilder Katzen von jeglicher Größe, Gestalt und Farbe. Am Futterplatz waren den ganzen Tag Vögel, kleine und große, und dann kam ein Blauhäher und schimpfte alle aus, das ganze Weltall, und jagte die anderen Vögel davon – oder vielmehr, sie flogen fort, als er kam. Sie waren sehr auf der Hut vor Katzen. Und als der Abend herannahte, flogen alle Vögel fort, und es kehrte Stille ein, ruhig, friedlich. Die Katzen kamen hin und wieder, es waren aber keine Vögel da.

An diesem Morgen waren die Wolken voller Licht, und in der Luft lag die Aussicht auf mehr Regen. Es hatte die ganzen letzten Wochen geregnet. Hier gibt es einen künstlichen See, und sein Wasser steht bis zum Rand. All die grünen Blätter und die Sträucher und die hohen Bäume warten auf die Sonne, die nicht strahlend wie sonst in Kalifornien erschienen war; sie hatte sich seit vielen Tagen nicht sehen lassen.

Man fragt sich, was die Zukunft der Menschheit sein wird, die Zukunft all der Kinder, die man rufen und spielen sieht, diese glücklichen, freundlichen, netten Gesichter – was ist ihre Zukunft? Die Zukunft ist das, was wir heute sind. Dies war der Verlauf der Geschichte seit Jahrtausenden – das Leben und Sterben und all die Mühsal unseres Lebens. Wir scheinen uns nicht viel um die Zukunft zu sorgen. Im Fernsehen sieht man endlose Unterhaltung, von morgens bis spät in die Nacht, außer auf ein oder zwei Kanälen, doch ihr Programm ist kurz und nicht gerade bedeutend. Die Kinder werden unterhalten. Die Werbespots tragen alle zu dem Gefühl bei, unterhalten zu werden; und das geschieht praktisch auf der ganzen Welt. Was wird die Zukunft dieser Kinder sein? Da ist die Unterhaltung des Sports – dreißig-, vierzigtausend Menschen schauen ein paar Leuten in der Arena zu und schreien sich heiser. Und dann geht man in eine großartige Kathedrale und schaut der Vorführung einer Zeremonie zu, einem Ritual, und auch das ist eine Form von Unterhaltung, nur daß man sie heilig, religiös nennt, obwohl es trotzdem Unterhaltung ist – ein sentimentales, romantisches Erlebnis, ein Schauspiel der Religiosität. Beobachtet man all dies in verschiedenen Teilen der Welt, beobachtet, wie der Geist mit Vergnügen, Unterhaltung, Sport beschäftigt ist, dann muß man sich unausweichlich fragen, wenn man sich überhaupt Gedanken macht: Was ist die Zukunft? Nochmal das gleiche in anderer Form? Eine bunte Auswahl von Vergnügungen?

Sie müssen sich einmal überlegen, falls Ihnen überhaupt bewußt ist, was mit Ihnen geschieht, wie die Welten der Unterhaltung und des Sports Ihren Geist gefangen halten, Ihr Leben gestalten. Wohin führt dies alles? Oder machen

Sie sich etwa keine Gedanken darüber? Vielleicht ist Ihnen gleichgültig, was morgen geschieht. Vielleicht haben Sie nicht darüber nachgedacht, oder wenn Sie es getan haben, sagen Sie vielleicht, es ist zu kompliziert, zu beängstigend, zu gefährlich, über die kommenden Jahre nachzudenken – nicht über Ihr eigenes Alter, sondern über das Schicksal, wenn man das Wort gebrauchen kann, das Ergebnis unserer heutigen Lebensweise, die von allen möglichen romantischen, emotionalen, sentimentalen Gefühlen und Beschäftigungen erfüllt ist – und die ganze Welt der Unterhaltung, die in unseren Geist eindringt. Wenn Sie sich dessen überhaupt bewußt sind, was ist die Zukunft der Menschheit?

Wie wir zuvor gesagt haben, die Zukunft ist das, was Sie heute sind. Wenn keine Veränderung stattfindet – nicht eine oberflächliche Anpassung, oberflächliches Angleichen an irgendein Modell, sei es politisch, religiös oder sozial, sondern eine Veränderùng, die viel tiefer geht, die Ihre Aufmerksamkeit, Ihre Sorge, Ihre Liebe fordert –, wenn keine grundlegende Änderung stattfindet, dann ist die Zukunft das, was wir jeden Tag unseres Lebens in der Gegenwart tun. Ändern ist ein ziemlich schwieriges Wort. Ändern zu was? Ändern nach einem anderen Modell? Nach einer anderen Idee? Nach einem anderen politischen oder religiösen System? Ein Ändern von diesem zu jenem? Das ist noch immer innerhalb des Bereichs oder innerhalb des Feldes dessen, „was ist". Ändern zu etwas, ist vom Denken projiziert, vom Denken formuliert, materialistisch determiniert.

Man muß also dieses Wort Änderung sorgfältig untersuchen. Gibt es ein Ändern, wenn ein Motiv existiert? Gibt es ein Ändern, wenn eine besondere Richtung, ein besonderes Ziel existiert, eine Entscheidung, die normal, rational zu sein scheint? Oder vielleicht ist eine bessere Formulierung „das Enden dessen, was ist". Das Enden, nicht die Bewegung von „was ist" zu „was sein sollte". Das ist kein Ändern. Jedoch das Enden, das Aufhören, das – was ist das richtige Wort? Ich meine, Enden ist ein gutes Wort, also bleiben wir dabei. Das Enden. Wenn jedoch das Enden ein Motiv hat, einen Zweck, eine Sache des Entscheidens ist, dann ist es lediglich ein Ändern von diesem zu jenem. Das Wort Entscheidung bedeutet das Handeln des Willens. „Ich will dies tun"; „ich will das nicht tun". Wenn Verlangen in den Akt des Endens hineinspielt, wird das Verlangen zur Ursache des Endens. Wo eine Ursache existiert, da ist ein Motiv, und also gibt es kein wirkliches Enden. Das zwanzigste Jahrhundert hat eine ungeheure Menge Veränderungen erlebt, hervorgerufen durch zwei verheerende Kriege und den dialektischen Materialismus und die Skepsis gegenüber religiösen Glaubensinhalten, Praktiken und Ritualen und dergleichen mehr, abgesehen von der Welt der Technik, die eine Menge Veränderungen gebracht hat, und es werden weitere Veränderungen kommen, wenn der Computer voll entwickelt worden ist – man steht damit erst am Anfang. Dann, wenn der Computer herrscht, was wird mit unserem menschlichen Geist geschehen? Das ist eine andere Frage, mit der wir uns ein andermal befassen sollten.

Wenn die Unterhaltungsindustrie herrscht, wie es nun allmählich geschieht, wenn die jungen Menschen, die Studenten, die Kinder, ständig zum Vergnügen, zu Phantasien, zu romantischer Sinnlichkeit angereizt werden, werden die Worte Selbstbeherrschung und Enthaltsamkeit beiseite geschoben, wird kein Gedanke mehr an sie verschwendet. Die Enthaltsamkeit der Mönche, der Sannyasis, die die Welt verleugnen, die ihre Körper mit einer Art Uniform oder nur mit einem Tuch bekleiden – dieses Verleugnen der materiellen Welt ist gewiß nicht Enthaltsamkeit. Wahrscheinlich interessiert Sie überhaupt nicht, was Enthaltsamkeit bedeutet. Wenn Sie von Kindheit an daran gewöhnt worden sind, sich zu amüsieren und mit Hilfe von Unterhaltung, religiöser oder anderer Art, vor sich selbst davonzulaufen, und wenn die meisten Psychologen sagen, daß Sie alles, was Sie fühlen, ausdrücken müssen, und jegliche Form von Zurückhaltung oder Selbstbeherrschung schädlich ist und zu Neurosen führt, dann kommen Sie natürlich mehr und mehr in die Welt des Sports, des Vergnügens, der Unterhaltung hinein, die Ihnen alle helfen, sich selbst, dem, was Sie sind, zu entfliehen. Das Wesen dessen, was Sie sind, zu verstehen, ohne jegliche Verzerrungen, ohne irgendwelche Vorlieben, ohne irgendwelche Reaktionen auf das, was Sie zu sein entdecken, ist der Anfang der Enthaltsamkeit. Das Beobachten, das Gewahrsein jeden Gedankens, jedes Gefühls, es nicht zurückhalten, es nicht steuern, sondern es beobachten, wie man einen Vogel im Flug beobachtet, ohne irgendwelche Ihrer eigenen Vorurteile und Verzerrungen – dieses Beobachten bringt einen außerordentlichen Sinn für Enthaltsamkeit, die über alle Selbstbeherrschung hinausgeht, über all das Spielen mit sich selbst und diese ganze Idee der Selbstvervollkommnung, Selbsterfüllung. Das alles ist ziemlich kindisch. In diesem Beobachten ist große Freiheit, und in dieser Freiheit spürt man die Würde der Enthaltsamkeit. Doch wenn Sie dies heute alles einer Gruppe von Studenten oder Kindern erzählen würden, würden sie wahrscheinlich gelangweilt zum Fenster hinausschauen, denn diese Welt ist ganz auf die Jagd nach Vergnügen eingestellt.

Ein großes rehfarbenes Eichhörnchen kam vom Baum herunter und kletterte hinauf zum Futterhaus, knabberte an ein paar Körnern, saß auf dem Dach, sah sich um mit seinen großen runden Augen, den Schwanz erhoben und eingerollt, ein wunderbares Geschöpf. Da saß es eine Weile, kam herunter, lief an ein paar Felsen entlang, huschte dann den Baum hinauf und verschwand.

Offenbar war der Mensch immer vor sich selbst auf der Flucht, vor dem, was er ist, wohin er geht, vor dem, was das alles bedeutet: das Weltall, unser tägliches Leben, das Sterben und das Beginnen. Es ist seltsam, daß wir nie erkennen, daß das Vergnügen, der Schmerz, die Angst und all das immer da sind – wie sehr wir auch vor uns selbst davonlaufen, wie weit wir auch wegwandern, bewußt, absichtlich oder unbewußt, raffiniert. Sie sind letztlich beherrschend. Sie können versuchen, sie zu unterdrücken, Sie mögen versuchen, sie bewußt mit einem Akt des Willens loszuwerden, doch sie kommen wieder an die Oberfläche. Und das Vergnügen ist einer der Faktoren, die die Oberhand gewinnen; ihm wohnen dieselben Konflikte, derselbe Schmerz, dieselbe Langeweile inne. Der Überdruß am Vergnügen und der Verdruß sind Teil dieser Unruhe unseres Lebens. Sie können ihr nicht entfliehen, mein Freund. Sie können dieser tiefen, unergründlichen Unruhe nicht entfliehen, solange Sie nicht wirklich über sie nachdenken, nicht nur nachdenken, sondern mit besonderer Wachsamkeit, unermüdlichem Beobachten diese ganze Bewegung des Denkens und des Selbst sehen. Vielleicht sagen Sie, daß ist alles zu mühsam, vielleicht unnötig. Doch ohne diese Aufmerksamkeit, Wachsamkeit, wird die Zukunft nicht nur noch zerstörerischer, unerträglicher sein, sondern auch ohne eigentlichen Sinn. Das alles ist nicht eine negative, deprimierende Ansicht, es ist tatsächlich so. Was Sie jetzt sind, das werden Sie in Zukunft sein. Sie können es nicht vermeiden. Es ist so sicher wie die Sonne aufgeht und untergeht. Dies ist das Los aller Menschen, der ganzen Menschheit, es sei denn, wir alle ändern uns, jeder einzelne von uns, verändern uns in etwas, das nicht vom Denken projiziert wird.

Freitag, 25. März 1983

Es ist zum zweiten Mal ein Frühlingsmorgen. Er ist bezaubernd. Es ist außerordentlich schön hier. Letzte Nacht hat es stark geregnet, und alles ist wieder reingewaschen, und alle Blätter glänzen hell im Sonnenlicht. In der Luft ist ein Duft von vielen Blumen, und der Himmel ist blau, mit ziehenden Wolken besprenkelt. Die Schönheit eines solchen Morgens ist zeitlos. Es ist nicht dieser Morgen – es ist der Morgen der ganzen Welt. Es ist der Morgen von tausend Gestern. Es ist der Morgen, von dem man hofft, daß er so bleibt, daß er ewig dauert. Es ist ein Morgen, der erfüllt ist von sanftem Sonnenlicht, funkelnd, klar, und die Luft ist so rein hier, ziemlich hoch über dem Tal. Die Orangenbäume und die leuchtend gelben Orangen sind reingewaschen, und sie glänzen, als sei es der erste Morgen ihrer Geburt. Die Erde ist schwer vom Regen, und auf den hohen Bergen liegt Schnee. Es ist wirklich ein zeitloser Morgen.

Übers Tal die fernen Berge, die dieses Tal umschließen, lechzen nach Sonne, denn es war eine kalte Nacht, und alle Felsen und Steine und der kleine Bach scheinen erwacht und voller Leben zu sein.

Du sitzt ruhig da, weit weg von allem, und betrachtest den blauen Himmel, spürst die ganze Erde, die Reinheit und Lieblichkeit von allem, das auf der Erde lebt und sich regt, die Menschen natürlich ausgenommen. Der Mensch ist so, wie er jetzt ist nach vielen tausend Jahrhunderten. Und er wird wohl auf dieselbe Weise weitermachen; was er jetzt ist, das wird er morgen und auch nach tausend Morgen sein. Zeit, Evolution hat ihn zu dem gebracht, was er

jetzt ist. Seine Zukunft wird so sein, wie er jetzt ist, wenn nicht eine tiefe, bleibende Mutation seiner ganzen Psyche stattfindet.
Zeit ist dem Menschen, ist uns allen außerordentlich wichtig geworden – Zeit zu lernen, Zeit, bis man etwas kann, Zeit zu werden und Zeit zu sterben. Zeit, sowohl äußerlich, im physischen Bereich, und Zeit im psychischen Bereich. Es ist notwendig, Zeit zu haben, um eine Sprache zu lernen, autofahren zu lernen, sprechen zu lernen, Wissen zu erwerben. Wenn Du keine Zeit hättest, könntest Du nicht Dinge zusammensetzen, um ein Haus zu bauen. Du mußt Zeit haben, Ziegel auf Ziegel zu setzen. Du mußt Zeit haben, um von hier nach dort, wohin Du willst, zu gelangen. Zeit ist ein außerordentlicher Faktor in unserem Leben – um zu erwerben, zu verschenken, geheilt zu werden, einen einfachen Brief zu schreiben. Und wir scheinen zu denken, daß wir psychische Zeit brauchen, nämlich die gewesene Zeit, die sich nun verändert und in die Zukunft hineinreicht. Zeit ist Vergangenheit, Gegenwart und Zukunft. Der Mensch setzt innerlich seine Hoffnung auf die Zeit, Hoffnung ist Zeit, die Zukunft, die endlosen Morgen, Zeit innerlich zu *werden* – man *ist* „dies", man wird „das" *werden*. Das Werden, wie im physischen Bereich, vom kleinen Arbeiter zum großen Arbeiter, von einem Niemand bis zum Höchsten in einem Beruf – zu werden.

Wir glauben, wir brauchen Zeit, um uns von „diesem" zu „jenem" zu verändern. Die bloßen Worte „Änderung" und „Hoffnung" beinhalten ihrem Wesen nach Zeit. Man kann verstehen, daß Zeit nötig ist, um zu reisen, einen Hafen zu erreichen, Land zu erreichen nach einem langen Flug zu dem ersehnten Ort. Der ersehnte Ort ist die Zukunft. Das liegt wohl auf der Hand, und Zeit ist notwendig in diesem Bereich der Leistung, des Erreichens, um in einem Beruf tüchtig zu werden, in einer Karriere, für die man eine Ausbildung braucht. Dafür ist Zeit nicht nur scheinbar sondern wirklich notwendig. Und dieselbe Bewegung, dieses Werden, wird auf den Bereich der Psyche ausgedehnt. Doch gibt es überhaupt ein psychisches Werden? Wir ziehen das nie in Zweifel. Wir haben es als etwas Natürliches akzeptiert. Die Religionen, die Bücher über Evolution haben uns gelehrt, daß wir Zeit brauchen, um uns von „was ist" zu „was sein sollte" zu verändern. Die Entfernung, die dazwischenliegt, ist Zeit. Und wir haben akzeptiert, daß eine gewisse Lust und Qual damit verbunden ist, gewaltlos zu werden, wenn man gewalttätig ist, daß um das Ideal zu erreichen, ein ungeheuerer Aufwand an Zeit notwendig ist. Und wir sind diesem Modell jeden Tag unseres Lebens nachgejagt, blindlings und ohne je zu zweifeln. Wir zweifeln nicht. Wir folgen dem alten, traditionellen Schema. Und vielleicht gehört dies zum Unglück des Menschen – die Hoffnung auf Erfüllung und der Schmerz, daß diese Erfüllung, diese Hoffnung, sich nicht verwirklicht, kaum zu erreichen ist.

Gibt es tatsächlich Zeit im psychischen Bereich – das heißt Zeit, um das, was *ist*, in etwas völlig anderes zu verwandeln? Warum existieren überhaupt Ideale, Ideologien, seien sie politisch oder religiös? Sind es nicht gerade diese trennenden Ideen des Menschen, die zu Konflikten geführt haben? Schließlich werden Ideologien, ob links oder rechts oder gemäßigt, durch Studium aufgebaut, durch die Aktivität des Denkens, durch Abwägung, Urteilen und zu einem Schluß kommen, und damit schließen sie die Tür vor jeglicher eingehenderen Untersuchung. Ideologien haben wohl existiert, solange der Mensch zurückdenken kann. Sie sind wie Religion oder Glauben, die den Menschen vom anderen Menschen trennen. Und diese Trennung kommt durch Zeit zustande. Das „ich“, das Ich, das Ego, die Person, von der Familie bis zur Gruppe, zum Stamm, zur Nation. Man fragt sich, ob diese Stammestrennungen jemals überbrückt werden können. Der Mensch hat versucht, Nationen zu vereinigen, die eigentlich nichts anderes als glorifizierte Stammessysteme sind. Man kann Nationen nicht vereinen. Sie werden immer getrennt bleiben. Sie entwickeln sich als getrennte Gruppen. Wir führen noch immer Kriege, religiöse und andere; und die Zeit wird nichts daran ändern. Wissen, Erfahrung, endgültige Beschlüsse werden niemals ein globales Verständnis, globale Beziehungen, einen globalen Geist hervorbringen.

Also ist die Frage: Gibt es eine Möglichkeit, eine Veränderung dessen „was ist“, des Tatsächlichen, hervorzubringen, die die Bewegung der Zeit völlig ignoriert? Gibt es eine Möglichkeit, Gewalttätigkeit zu verändern – nicht indem man gewaltlos wird, was nichts anderes ist als das Gegenteil von „was ist“? Das Gegenteil von „was ist“ ist nur eine andere Bewegung des Denkens. Unsere Frage ist: Kann Neid, mit all seinen Begleiterscheinungen, verändert werden, ohne daß Zeit dabei überhaupt ins Spiel kommt, wenn man weiß, daß das Wort „ändern“ selbst Zeit beinhaltet – auch nicht transformiert, denn das Wort „transformieren" bedeutet die Bewegung von einer Form zur anderen –, kann vielmehr Neid radikal enden ohne Zeit?

Zeit ist Denken. Zeit ist Vergangenheit. Zeit ist Motiv. Kann es ohne jedes Motiv – und wir bleiben bei diesem Wort – Veränderung geben? Deutet nicht das bloße Wort „Motiv" bereits auf eine Richtung, einen Entschluß hin? Und wenn ein Motiv existiert, dann findet in Wirklichkeit überhaupt keine Veränderung statt. Auch das Verlangen ist eine recht komplizierte Angelegenheit, kompliziert in seiner Struktur. Das Verlangen, eine Änderung herbeizuführen, oder der Wille zur Änderung wird zum Motiv, und daher verzerrt das Motiv das, was geändert werden soll, das, was enden muß. Das Enden ist ohne Zeit.

Wolken ziehen sich langsam um den Berg zusammen, Wolken verdunkeln allmählich die Sonne, und wahrscheinlich wird es wieder regnen, wie gestern. Denn hier in diesem Teil der Welt ist jetzt Regenzeit. Es regnet nie im Sommer; wenn es heiß und trocken ist, ist dieses Tal eine Wüste. Hinter den Bergen liegt die Wüste, weit, endlos und öde. Und zu anderen Zeiten ist sie sehr schön, so unendlich in ihrer Weite. Allein ihre Weite macht sie zur Wüste. Wenn der Frühling vergeht, wird es heißer und heißer, und die Bäume scheinen zu verdorren, und die Blumen sind fort, und die trockene Hitze macht alle Dinge wieder rein.

„Warum sagen Sie, Sir, daß zur Veränderung keine Zeit notwendig ist?"

„Lassen Sie uns miteinander herausfinden, was das Wahre daran ist, und nicht akzeptieren oder ablehnen, was jemand ge-

sagt hat, sondern lassen Sie uns im gemeinsamen Gespräch diese Sache erforschen. Wir sind dazu erzogen, und es ist Tradition zu glauben, daß Zeit notwendig ist, um sich zu ändern. Das stimmt doch, nicht wahr? Zeit braucht man, um von dem, was man ist, zu etwas Größerem, zu etwas mehr zu werden. Wir reden nicht über die physische Zeit, die Zeit, die benötigt wird, um eine körperliche Fähigkeit zu erlangen, sondern wir überlegen uns, ob die Psyche mehr werden kann als sie ist, besser als sie ist, ob sie eine höhere Bewußtseinsebene erreichen kann. Das ist die ganze Bewegung des Messens, des Vergleichens. Wir fragen miteinander, nicht wahr, was bedeutet Änderung? Wir leben in Unordnung, verwirrt, unsicher, reagieren ablehnend auf dieses und zustimmend auf jenes. Wir suchen Belohnung und vermeiden Strafe. Wir wollen sicher sein, doch alles, was wir tun, scheint Unsicherheit hervorzurufen. Dieses und anderes bringt Unordnung in unser tägliches Leben. Sie können zum Beispiel nicht unordentlich oder nachlässig im Beruf sein. Man muß genau sein, klar denken, logisch. Doch wir übertragen nicht dieselbe Einstellung in den psychischen Bereich. Wir haben diesen ständigen Drang, uns von dem, ‚was ist', fortzubewegen, etwas anderes zu werden, anstatt das, ‚was ist', zu verstehen und der Ursache der Unordnung auszuweichen."

„Das verstehe ich", sagte der Fragende, „wir fliehen vor dem, ‚was ist'. Wir denken niemals gründlich, gewissenhaft darüber nach, was geschieht, was jetzt in jedem einzelnen von uns vorgeht. Wir versuchen, das, ‚was ist', zu unterdrücken oder zu überschreiten. Wenn uns etwas sehr wehtut, psychisch, innerlich, sehen wir niemals genau hin. Wir wollen es sofort auslöschen, irgendwelchen Trost finden. Und immer ist da dieser Kampf, einen

Zustand zu erreichen, wo es keinen Schmerz gibt, wo es keine Unordnung gibt. Doch gerade der Versuch, Ordnung zustandezubringen, scheint die Unordnung zu vermehren oder andere Probleme hervorzurufen.

Vielleicht haben Sie bemerkt: wenn die Politiker versuchen, ein Problem zu lösen, dann vervielfältigt diese selbe Lösung andere Probleme. Und auch das geht immer so weiter."

„Wollen Sie sagen, mein Herr, daß Zeit kein Faktor der Änderung ist? Ich kann das in etwa begreifen, aber ich weiß nicht recht, ob ich es wirklich verstehe. Sie sagen praktisch, wenn ich ein Motiv habe, mich zu ändern, dann wird dieses selbe Motiv zum Hindernis der Änderung, denn das Motiv ist mein Verlangen, mein Drang, mich von dem, was unangenehm oder beunruhigend ist, fort zu bewegen und hin zu etwas, das viel befriedigender ist, das mich glücklicher macht. Also hat ein Motiv oder ein Zweck das Ende, das psychische Ende, bereits diktiert oder vorgeformt. Das verstehe ich. Ich erkenne einen Schimmer von dem, was Sie sagen. Langsam bekomme ich eine Ahnung, was Änderung ohne Zeit bedeutet."

„Stellen wir uns also die Frage: Gibt es eine zeitlose Wahrnehmung dessen, ‚was ist'? Das heißt anschauen, beobachten, ‚was ist', ohne die Vergangenheit, ohne all die angesammelten Erinnerungen, die Namen, die Worte, die Reaktionen – etwa dieses Gefühl, diese Reaktion zu betrachten, die wir Neid nennen. Dieses Gefühl zu beobachten ohne den Handelnden, den Handelnden, der aus allem Erinnern an Dinge, die zuvor geschahen, besteht.

Zeit ist nicht nur das Auf- und das Untergehen der Sonne oder das Gestern, Heute und Morgen. Zeit ist viel komplizierter, ver-

wickelter, subtiler. Und nun wirklich das Wesen und die Tiefe der Zeit zu verstehen, muß man darüber meditieren, ob Zeit einen Stillstand hat – nicht fiktive Zeit oder die Einbildung, die so viele phantastische, romantische Möglichkeiten heraufbeschwört, sondern ob Zeit wirklich, tatsächlich, im Bereich der Psyche, jemals zu einem Ende kommen kann? Das ist die eigentliche Frage. Man kann das Wesen der Zeit analysieren, erforschen und versuchen herauszufinden, ob die Kontinuität der Psyche eine Realität ist oder die verzweifelte Hoffnung des Menschen, sich an etwas zu klammern, das ihm irgendeine Art von Sicherheit, Trost gibt. Hat Zeit ihre Wurzeln im Himmel? Wenn Sie zum Himmel aufschauen, zu den Planeten und der unvorstellbaren Anzahl von Sternen, kann das Weltall mit der zeitgebundenen Beschaffenheit des Geistes verstanden werden? Ist Zeit notwendig, um die ganze Bewegung des Kosmos und die Menschen zu begreifen, zu verstehen – um augenblicklich das zu sehen, was immer wahr ist?

Man sollte das wirklich, wenn ich das bemerken darf, in seinem Geist bewahren und nicht darüber nachdenken, sondern nur die ganze Bewegung der Zeit beobachten, die eigentlich die Bewegung des Denkens ist. Denken und Zeit sind nicht zwei verschiedene Dinge, zwei verschiedene Bewegungen, Aktivitäten. Zeit ist Denken, und Denken ist Zeit. Gibt es – um es anders zu sagen – das völlige Enden des Denkens? Das heißt, das Enden des Wissens? Wissen ist Zeit, Denken ist Zeit, und wir fragen, ob dieser Anhäufungsprozeß des Wissens, das Sammeln von mehr und mehr Information, das Aufspüren von mehr und mehr Rätseln des Daseins enden kann? Kann das Denken, das letztlich die Substanz der Psyche ist, die Ängste, die Lust, die Sorgen, die Einsamkeit, der Kummer und die Idee des Ich –, das Ich als etwas Getrenntes vom anderen – dieses egozentrische Handeln der

Selbstsucht, kann das alles zu einem Ende kommen? Wenn der Tod kommt, dann hat das alles ein Ende. Doch wir sprechen nicht über den Tod, das endgültige Enden, sondern davon, ob wir tatsächlich begreifen können, daß das Denken, die Zeit, ein Ende haben.

Wissen ist schließlich die Ansammlung verschiedener Erfahrungen durch Zeit, das Registrieren verschiedener Ereignisse, Geschehnisse und so fort. Das Registrierte wird naturgemäß im Gehirn aufbewahrt, dieses Registrieren ist das Wesen der Zeit. Können wir herausfinden, wann dieses Registrieren notwendig ist, und ob psychisches Registrieren überhaupt notwendig ist? Nicht das Einteilen in notwendiges Wissen und Können, sondern beginnen, die Natur dieses Registrierens zu verstehen, zu verstehen, warum die Menschen registrieren und aus diesem Registrieren heraus reagieren und handeln. Wenn man durch ein Wort, eine Geste, eine Tat gekränkt oder psychisch verletzt wird, warum sollte man diese Verletzung registrieren? Ist es möglich, die Schmeichelei oder Kränkung nicht zu registrieren, so daß die Psyche nie voller Unordnung ist, so daß sie weiten Raum hat, und die Psyche, deren wir uns als ‚Ich' bewußt sind, das wiederum aus Denken und Zeit zusammengesetzt ist, zu einem Ende kommt? Wir haben immer Angst vor etwas, das wir nie gesehen, wahrgenommen haben – vor etwas, das wir nie erfahren haben. Du kannst die Wahrheit nicht erfahren. Um zu erfahren, muß es einen Erfahrenden geben. Der Erfahrende ist das Ergebnis von Zeit, angesammelter Erinnerung, Wissen und so weiter.

Wie wir zu Anfang gesagt haben, Zeit erfordert schnelles, wachsames, aufmerksames Verstehen. Können wir in unserem täglichen Leben ohne die Idee der Zukunft existieren? Nicht Idee – Verzeihung, nicht das Wort Idee –, sondern kann man ohne

Zeit leben, innerlich? Die Wurzeln des Himmels sind nicht in der Zeit und im Denken."

„Sir, was Sie sagen, ist tatsächlich im täglichen Leben eine Realität geworden. Ihre verschiedenen Erörterungen über Zeit und Denken erscheinen mir jetzt, wenn ich Ihnen zuhöre, so einfach, so klar, und vielleicht für ein, zwei Sekunden ist das Enden und Stillstehen der Zeit da. Wenn ich aber wieder zurückkehre in meine gewöhnliche Routine, den ganzen Überdruß und die Langeweile – selbst das Vergnügen wird recht ermüdend –, wenn ich zurückkehre, werde ich die alten Fäden wieder aufnehmen. Es scheint so außerordentlich schwierig, die Fäden loszulassen und ohne Reaktion das Wesen der Zeit zu betrachten. Doch ich fange an zu verstehen (und ich hoffe, nicht nur dem Wort nach), daß es eine Möglichkeit gibt, nicht zu registrieren, wenn ich Ihr Wort gebrauchen darf. Ich erkenne, daß ich selbst das Registrierte bin. Ich bin programmiert, dies oder jenes zu sein. Das kann man ganz leicht sehen und vielleicht das alles ablegen. Doch das Enden des Denkens und die Kompliziertheit der Zeit müssen gründlich beobachtet, gründlich erforscht werden. Wer aber soll forschen, wenn der Forschende selbst das Ergebnis von Zeit ist? Nun begreife ich etwas. Was Sie wirklich sagen, ist: Beobachte nur einfach ohne jegliche Reaktion, widme den gewöhnlichen Dingen des Lebens völlige Aufmerksamkeit, und entdecke dort die Möglichkeit des Endens der Zeit und des Denkens. Haben Sie vielen Dank für dieses interessante Gespräch."

Donnerstag, 31. März 1983

Es hatte den ganzen Tag geregnet, und die Wolken hingen tief über dem Tal, den Hügeln und Bergen. Man konnte die Berge überhaupt nicht sehen. Es ist ein ziemlich düsterer Morgen, doch neue Blätter, neue Blumen sind da, und die kleinen Dinge wachsen schnell. Es ist Frühling, und alles ist voller Wolken und Düsternis. Die Erde erholt sich vom Winter, und in diesem Erholen ist große Schönheit. In den letzten anderthalb Monaten hat es fast jeden Tag geregnet; es gab große Unwetter und Stürme, die viele Häuser zerstörten, und Erde rutschte von den Bergen herab. An der ganzen Küste entlang war große Zerstörung. In diesem Teil des Landes scheint immer alles so extrem zu sein. Es ist niemals das gleiche von einem Winter zum anderen. So kann es in einem Winter fast überhaupt nicht regnen, und in anderen Wintern die verheerendsten Regenfälle geben, riesige, ungeheure Wellen, überschwemmte Straßen, und obwohl es Frühling war, gingen doch die Elemente nicht gerade sanft mit dem Land um.

Überall im Land sind Demonstrationen gegen bestimmte Arten von Krieg, gegen nukleare Zerstörung. Es gibt Stimmen dafür und dagegen. Die Politiker reden über Verteidigung, doch in Wirklichkeit gibt es keine Verteidigung, es gibt nur Krieg, es gibt nur das Töten von Millionen Menschen. Das ist eine recht schwierige Situation. Der Mensch steht vor einem großen Problem. Die eine Seite will sich auf ihre Art vergrößern, die andere übt aggressiven Druck aus, verkauft Waffen, verbreitet bestimmte festgelegte Ideologien und überfällt andere Länder.

Der Mensch stellt sich nun die Frage, die er sich vor vielen Jahren schon gestellt haben sollte, nicht erst im letzten Moment. Er hat sich jeden Tag seines Lebens auf Kriege vorbereitet. Die Vorbereitung von Kriegen scheint unglücklicherweise unsere natürliche Tendenz zu sein. Nachdem wir uns so lange auf diesem Weg befunden haben, fragen wir jetzt: Was sollen wir tun? Was sollen wir Menschen tun? Wenn wir wirklich dem Problem ins Auge sehen, worin besteht unsere Verantwortung? Dies ist die eigentliche Frage, der sich die Menschheit heute gegenübersieht und nicht, welche Art von Kriegswerkzeugen wir erfinden und bauen sollen. Wir führen immer eine Krise herbei, und dann fragen wir uns, was wir tun sollen. So wie die heutige Situation ist, entscheiden die Politiker und die breite Öffentlichkeit mit ihrem nationalen, rassischen Stolz, mit ihren Vaterländern oder Mutterländern und all dem übrigen.

Die Frage kommt zu spät. Abgesehen von den unverzüglich zu unternehmenden Schritten müssen wir uns die Frage stellen, ob es möglich ist, alle Kriege zu beenden, nicht eine bestimmte Art von Krieg, den nuklearen oder den orthodoxen, und wir müssen in allem Ernst herausfinden, was die Ursachen des Krieges sind. Solange diese Ursachen, von konventionellem Krieg oder nuklearem Krieg, nicht entdeckt, beseitigt worden sind, werden wir so weitermachen, und Menschen werden andere Menschen vernichten.

Wir sollten also wirklich fragen: Was sind die wesentlichen, grundsätzlichen Ursachen des Krieges? Miteinander die wahren Ursachen sehen, nicht die erfundenen, nicht die romantischen, patriotischen Gründe und all den Unsinn, sondern tatsächlich sehen, warum der Mensch sich auf legales Morden vorbereitet – auf den Krieg. Solange wir nicht die Antwort gesucht und gefunden haben, wird es Kriege geben. Doch wir denken nicht ernstlich genug darüber nach oder widmen uns nicht ernstlich dem Entdecken der Ursachen des Krieges. Wenn wir von dem absehen, was wir jetzt vor uns haben, dem unmittelbaren Problem, der gegenwärtigen Krise – können wir nicht gemeinsam die wahren Ursachen entdecken und sie abschaffen, verschwinden lassen? Dazu bedarf es des dringenden Wunsches, die Wahrheit zu finden.

Warum, muß man fragen, gibt es diese Teilung – der Russe, der Amerikaner, der Brite, der Franzose, der Deutsche und so weiter – warum gibt es diese Trennung zwischen Mensch und Mensch, zwischen Rasse und Rasse, Kultur gegen Kultur, eine Reihe von Ideologien gegen die andere? Warum? Warum gibt es diese Trennung? Der Mensch hat die Erde in Dein und Mein aufgeteilt – warum? Etwa deshalb, weil wir versuchen, Sicherheit, Schutz in einer bestimmten Gruppe oder in einer bestimmten Überzeugung, einem bestimmten Glauben zu finden? Denn auch die Religionen haben die Menschen getrennt, Menschen gegen Menschen gekehrt – die Hindus, die Moslems, die Christen, die Juden und so weiter. Nationalismus, mit seinem unglückseligen Patriotismus, ist eigentlich eine verherrlichte Form, eine veredelte Form von primitivem Stammesdenken. In einem kleinen Stamm herrscht ebenso wie in einem sehr großen Stamm ein Gefühl der Zusammengehörigkeit, da man dieselbe Sprache, denselben Aberglauben, dasselbe politische, religiöse System hat. Und man fühlt sich sicher, beschützt, glücklich, getröstet. Und für diese Sicherheit, diesen Trost, sind wir bereit, andere zu töten, die das gleiche Verlangen haben, sicher zu sein, sich beschützt zu fühlen, zu etwas dazuzugehören. Dieses schreckliche Verlangen, sich mit einer Gruppe zu identifizieren, mit einer Fahne, mit einem religiösen Ritual und so weiter, gibt uns das Gefühl, Wurzeln zu haben, das Gefühl, daß wir nicht heimatlose Wanderer sind. Es ist das Verlangen, der Drang, die eigenen Wurzeln zu finden.

Und deshalb haben wir die Welt in wirtschaftliche Sphären mit all ihren Problemen aufgeteilt. Vielleicht ist eine der Hauptursachen des Krieges die Schwerindustrie. Wenn Industrie und Wirtschaft Hand in Hand mit Politik gehen, müssen sie unvermeidlich ein trennendes Handeln unterstützen, um ihre wirtschaftliche Macht zu behaupten. Das tun alle Länder, die großen wie die kleinen. Die kleinen werden von den großen Nationen bewaffnet – die einen stillschweigend, heimlich, die anderen offen. Liegt die Ursache all dieses Elends, dieses Leidens, der ungeheuren Verschwendung von Geld an Waffen, im Nähren der offensichtlichen Überheblichkeit, im Wunsch, anderen überlegen zu sein?

Dies ist unsere Erde, nicht Deine oder meine oder seine. Wir sind dazu da, auf ihr zu leben, einander zu helfen, nicht einander zu vernichten. Das ist kein romantischer Unsinn, sondern Tatsache. Doch der Mensch hat die Erde aufgeteilt, in der Hoffnung, dadurch in der Vereinzelung Glück, Sicherheit, einen bleibenden Trost zu finden. Solange nicht eine radikale Änderung stattfindet, und wir alle Nationalitäten, alle Ideologien, alle religiösen Trennungen auslöschen und eine globale Beziehung herstellen – zunächst psychologisch, innerlich, bevor wir das Äußere organisieren –, werden wir weiterhin Kriege führen. Wenn Du anderen ein Leid zufügst, andere tötest, sei es im Zorn oder durch den organisierten Mord, den man Krieg nennt, dann zerstörst Du – der Du der Rest der Menschheit bist, kein vereinzelter Mensch, der den Rest der Menschheit bekämpft – Dich selbst.

Dies ist das eigentliche Problem, das Grundproblem, das Du verstehen und lösen mußt. Solange Du Dich nicht dem Ausrotten der nationalen, wirtschaftlichen, religiösen Trennung verpflichtest, setzt Du den Krieg fort, bist Du verantwortlich für alle Kriege, nuklear oder traditionell.

Dies ist wirklich eine sehr wichtige und dringliche Frage: Ob der Mensch, ob Du diese Veränderung in Dir selbst bewirken kannst und nicht sagst: „Wenn ich mich ändere, wird das überhaupt einen Wert haben? Wäre das nicht nur ein Tropfen in einem großen See, der keinerlei Wirkung hat? Was hat es für einen Zweck, wenn ich mich ändere?" Das ist die falsche Frage, mit Verlaub gesagt. Sie ist falsch, weil Du der Rest der Menschheit bist. Du bist die Welt, Du bist nicht getrennt von der Welt. Du bist nicht Amerikaner, Russe, Hindu oder Moslem. Du hast nichts mit diesen Etiketten und Worten zu tun. Du bist der Rest der Menschheit, weil Dein Bewußtsein, Deine Reaktionen denen der anderen gleichen. Du magst eine andere Sprache sprechen, andere Sitten haben, das ist die oberflächliche Kultur – alle Kulturen sind offensichtlich oberflächlich –, doch Dein Bewußtsein, Deine Reaktionen, Dein Glaube, Deine

Überzeugungen, Deine Ideologien, Deine Ängst, Befürchtungen, Einsamkeit, Dein Kummer und Deine Freude, die sind dieselben wie die der übrigen Menschheit. Wenn Du Dich änderst, wird sich das auf die ganze Menschheit auswirken.

Es ist wichtig, sich das zu überlegen – nicht vage, oberflächlich –, wenn man die Ursachen des Krieges untersucht, erforscht, zu finden sucht. Krieg kann nur verstanden und beendet werden, wenn Du und all diejenigen, die zutiefst um das Überleben der Menschheit besorgt sind, fühlen, daß sie für das Töten anderer völlig verantwortlich sind. Was wird Dich dazu bringen, Dich zu ändern? Was wird Dich dazu bringen, die erschreckende Situation, die wir nun hervorgerufen haben, zu erkennen? Was wird Dich dazu bringen, Dein Gesicht von aller Trennung abzuwenden – der religiösen, nationalen, ethischen und so weiter? Etwa noch mehr Leiden? Aber der Mensch hat bereits tausend und abertausend Jahre des Leidens hinter sich, und er hat sich nicht geändert; er setzt noch immer dieselbe Tradition fort, dasselbe Stammesdenken, dieselben religiösen Trennungen von „meinem Gott" und „Deinem Gott".

Die Götter oder deren Stellvertreter sind vom Denken erfunden worden; sie besitzen tatsächlich im täglichen Leben keine Realität. Die meisten Religionen haben gesagt, daß es die größte Sünde sei, Menschen zu töten. Lange vor dem Christentum haben dies die Hindus und die Buddhisten gesagt, doch die Menschen töten trotz ihres Glaubens an Gott oder ihres Glaubens an einen Heiland und so weiter; sie folgen noch immer dem Pfad des Tötens. Wird der Lohn des Himmels Dich ändern oder die Strafe der Hölle?

Auch das hat man dem Menschen angeboten; und auch das hat fehlgeschlagen. Kein äußerer Druck, keine Gesetze, Systeme, werden jemals das Töten von Menschen beenden. Auch keine intellektuelle, romantische Überzeugung wird Kriege verhindern. Sie werden nur aufhören, wenn Du als der Rest der Menschheit die Wahrheit siehst, daß solange Trennung in irgendeiner Form existiert, Konflikt sein muß, begrenzt oder ausgedehnt, eng oder expansiv, daß es Kampf, Konflikt, Schmerz geben muß. Du bist also verantwortlich, nicht nur Deinen Kindern gegenüber, sondern dem Rest der Menschheit. Solange Du dies nicht zutiefst verstehst, nicht verbal oder ideenmäßig oder rein intellektuell, sondern solange Du es nicht fühlst in Deinem Blut, in der Art, wie Du das Leben betrachtest, in Deinem Handeln, solange unterstützt Du den organisierten Mord, den man Krieg nennt. Die Unmittelbarkeit der Wahrnehmung ist viel wichtiger als die Unmittelbarkeit der Beantwortung einer Frage, die das Ergebnis von tausend Jahren ist, in denen der Mensch den Menschen getötet hat.

Die Welt ist krank, und es gibt niemanden außerhalb von Dir, der Dir helfen kann – nur Du selbst. Wir hatten Führer, Spezialisten, jede Art äußerer Instanz einschließlich Gott – sie hatten keine Wirkung: sie haben in keiner Weise Deinen psychischen Zustand beeinflußt. Sie können Dich nicht führen. Kein Staatsmann, kein Lehrer, kein Guru, niemand kann Dich innerlich stark, vollkommen gesund machen. Solange Du in Unordnung bist, solange sich Dein Haus nicht in ordentlichem Zustand befindet, in der richtigen Verfassung, wirst Du Dir den Propheten außerhalb schaffen, und er wird Dich immer irreführen. Dein Haus ist in Unordnung, und niemand auf dieser Erde oder im Himmel kann in Deinem Haus Ordnung herstellen. Solange Du nicht selbst das Wesen der Unordnung verstehst, das Wesen des Konflikts, das Wesen der Trennung, wird Dein Haus, nämlich Du selbst, immer in Unordnung, im Krieg sein.

Die Frage ist nicht, wer die größte militärische Macht besitzt, sondern daß der Mensch gegen den Menschen ist; der Mensch, der Ideologien gemacht hat, und diese Ideologien, die der Mensch gemacht hat, stehen gegeneinander. Solange diese Ideen, Ideologien, nicht enden und der Mensch nicht für andere Menschen verantwortlich wird, kann es niemals Frieden auf der Welt geben.

Montag, 18. April 1983*

Es ist ein neuer Tag, und die Sonne wird nicht vor etwa einer Stunde da sein. Es ist ganz dunkel, und die Bäume sind still, warten auf die Frühdämmerung, und daß die Sonne hinter den Bergen aufgeht. Es müßte ein Gebet für die Frühdämmerung geben. Sie kommt so langsam, durchdringt die ganze Welt. Und hier in diesem ruhigen, abgelegenen Haus, umgeben von Orangenbäumen und ein paar Blumen, ist es außerordentlich still. Noch singen keine Vögel ihr Morgenlied. Die Welt schläft, zumindest in diesem Teil der Welt, weit weg von aller Zivilisation, von dem Lärm, der Brutalität, der Gewöhnlichkeit und dem Gerede der Politiker.

Langsam, mit großer Geduld, beginnt die Dämmerung im tiefen Schweigen der Nacht. Sie wird unterbrochen von der Trauertaube und dem Ruf der Eule. Es gibt mehrere Eulen hier, sie riefen einander. Die Berge und die Bäume beginnen zu erwachen. In der Stille beginnt die Dämmerung, es wird heller und heller, Tau ist auf dem Blatt, und die Sonne klettert nun über den Berg. Die ersten Strahlen der Sonne fangen sich in den hohen Bäumen, in der alten Eiche, die schon seit langer, langer Zeit hier steht. Die Trauertaube beginnt mit ihrem leisen, traurigen Ruf. Auf der anderen Seite, gegenüber den Orangenbäumen, ruft ein Pfau. Selbst in diesem Teil der Welt gibt es Pfauen, zumindest ein paar. Und der Tag hat begonnen. Es ist ein

* Zwischen dem 31. März und 18. April war Krishnamurti in New York, wo er zwei Reden im Felt Forum, Madison Square Garden, hielt und an einem Seminar teilnahm, das Dr. David Shainberg organisiert hatte.

wunderbarer Tag. Er ist so neu, so frisch, so lebendig und voller Schönheit. Es ist ein neuer Tag ohne jegliche vergangenen Erinnerungen, ohne den Ruf eines anderen.

Da ist ein großes Staunen, wenn man all die Schönheit sieht, diese leuchtenden Orangen mit den dunklen Blättern und den paar Blumen, strahlend in ihrer Pracht. Man staunt über dieses außerordentliche Licht, das es offenbar nur in diesem Teil der Welt gibt. Man staunt, wenn man die Schöpfung sieht, die keinen Anfang und kein Ende zu haben scheint – eine Schöpfung, nicht aus schlauem Denken entstanden, sondern die Schöpfung eines neuen Morgens. An diesem Morgen ist es, wie es nie zuvor gewesen ist, so hell, so klar; und die blauen Berge sehen herab. Es ist die Schöpfung eines neuen Tages, der nie zuvor gewesen ist.

Da ist ein Eichhörnchen mit einem langen buschigen Schwanz, bebend und scheu im alten Pfefferbaum, der viele Äste verloren hat; er wird nun sehr alt. Er hat wohl viele Stürme erlebt, wie die Eiche in ihrem hohen Alter, in ihrer Ruhe und großen Würde. Es ist ein neuer Morgen, voll uralten Lebens; er kennt keine Zeit, keine Probleme. Er ist da, und das ist in sich selbst ein Wunder. Es ist ein neuer Morgen, ohne jede Erinnerung. Alle vergangenen Tage sind vorüber, fort, und die Stimme der Trauertaube kommt quer über das Tal, und die Sonne steht nun über dem Berg, überzieht die Erde. Und auch sie hat kein Gestern. Die Bäume in der Sonne und die Blumen kennen keine Zeit. Es ist das Wunder eines neuen Tages.

„Wir wollen Kontinuität“, sagte der Mann. „Kontinuität gehört zu unserem Leben. Kontinuität von Generation zu Genera-

tion, von Tradition, von den Dingen, die wir gekannt und an die wir uns erinnert haben. Wir verlangen nach Kontinuität, und wir müssen sie haben. Wenn nicht, was sind wir? Kontinuität ist tief verwurzelt in unserem Sein. Sein heißt Fortdauern. Der Tod kann kommen, viele Dinge können enden, doch da ist noch immer Kontinuität. Wir gehen zurück, um unsere Wurzeln zu finden, unsere Identität. Wenn jemand die Anfänge seiner Familie festgehalten hat, kann man sie vielleicht zurückverfolgen, Generation auf Generation, durch viele Jahrhunderte, falls man sich dafür interessiert. Die Kontinuität der Anbetung Gottes, die Kontinuität von Ideologien, die Kontinuität von Meinungen, Werten, Urteilen, Entscheidungen – es gibt eine Kontinuität in allen Dingen, an die man sich erinnert. Es gibt eine Kontinuität vom Augenblick unserer Geburt an bis wir sterben, mit all den Erfahrungen, all dem Wissen, das man erworben hat. Ist das eine Illusion?"

„Was hat Kontinuität? Diese Eiche, vielleicht zweihundert Jahre alt, hat eine Kontinuität bis sie stirbt oder von den Menschen gefällt wird. Und was ist diese Kontinuität, die der Mensch verlangt, braucht? Der Name, die Gestalt, das Bankkonto, die Dinge, an die man sich erinnert? Gedächtnis hat eine Kontinuität, Erinnerungen an das, was gewesen ist. Die ganze Psyche ist Gedächtnis und sonst nichts. Wir schreiben der Psyche vieles zu – Eigenschaften, Tugenden, unedle Taten und das Ausüben vieler vernünftiger Handlungen in der äußeren und inneren Welt. Wenn man sorgfältig prüft, ohne Vorurteil oder Schlußfolgerung, beginnt man zu sehen, unsere ganze Existenz mit dem weitgespannten Netz von Erinnerungen, Erfahrungen, von Dingen, die früher geschahen, alles hat Kontinuität. Und daran klammern wir uns verzweifelt."

Das Eichhörnchen ist zurückgekommen. Es war für ein paar Stunden fort; nun ist es wieder auf dem Zweig und knabbert an etwas, beobachtet, lauscht, außerordentlich wachsam und aufmerksam, lebendig, bebend vor Aufregung. Es kommt und geht, ohne Dir zu sagen, wohin es geht und wann es wiederkommt.

Als der Tag sich erwärmt, sind die Trauertaube und die Vögel verschwunden. Ein paar Tauben fliegen in einer Gruppe von einem Platz zum anderen. Man kann ihre Flügel in der Luft schlagen hören. Ein Fuchs war einmal hier, man hat ihn lange nicht mehr gesehen. Wahrscheinlich ist er für immer fortgegangen. Es sind zu viele Leute hier. Es gibt viele Nagetiere hier, aber die Menschen sind gefährlich. Und dies ist ein scheues kleines Eichhörnchen und ruhelos wie die Schwalbe.

Wenn es auch keine Kontinuität außer dem Gedächtnis gibt, gibt es dann in dem ganzen menschlichen Wesen, im Gehirn, eine Stelle, einen Platz, einen kleinen oder großen Bereich, in dem keinerlei Gedächtnis existiert, den das Gedächtnis niemals berührt hat? Es ist bemerkenswert, dies alles zu sehen, Deinen Weg vernünftig, rational zu sehen, die Kompliziertheit und die Vertracktheiten des Gedächtnisses und seine Kontinuität, die letztlich Wissen ist. Wissen ist immer in der Vergangenheit, Wissen *ist* Vergangenheit. Die Vergangenheit ist unendlich angesammelte Erinnerung als Tradition. Und wenn Du diesen Weg wohlbedacht, vernünftig betreten hast, mußt Du unweigerlich fragen: Gibt es einen Bereich im menschlichen Gehirn oder im tiefsten Wesen und der Struktur eines Menschen, nicht nur in der äußeren Welt seiner Aktivitäten, sondern innerlich, tief in den unendlich stillen Nischen seines Gehirns, gibt es etwas, das nicht das Ergebnis von Erinnerung ist, nicht die Bewegung einer Kontinuität?

Die Hügel und die Bäume, die Wiesen und Wäldchen werden fortbestehen, solange die Erde existiert, es sei denn, der Mensch in seiner Grausamkeit und Verzweiflung zerstört alles. Der Bach, die Quelle, aus der er kommt, haben eine Kontinuität, doch man fragt niemals, ob die Berge und was jenseits von ihnen liegt eine Kontinuität haben.

Wenn es keine Kontinuität gibt, was gibt es dann? Nichts. Man hat Angst davor, nichts zu sein. Nichts heißt kein Ding – nichts, das vom Denken zusammengefügt wurde, nichts, das von Gedächtnis, Erinnerung hervorgebracht wurde, nichts, das Du in Worte bringen und dann messen kannst. Es gibt ganz sicher, ganz bestimmt einen Bereich, wo die Vergangenheit keinen Schatten wirft, wo Zeit, Vergangenheit oder Zukunft oder Gegenwart keine Bedeutung hat. Wir haben immer versucht, etwas mit Worten zu messen, das wir nicht kennen. Was wir nicht kennen, versuchen wir zu verstehen und geben ihm Worte und machen es zu einem ständigen Lärm. Und so verstopfen wir unser Gehirn, das bereits mit vergangenen Geschehen, Erfahrungen, Kenntnissen vollgestopft ist. Wir glauben, daß Wissen psychisch von großer Bedeutung ist, doch das ist es nicht. Du kannst Dich durch Wissen nicht höherentwickeln, Wissen muß zu einem Ende kommen, damit das Neue sein kann. Neu ist ein Wort für etwas, das nie zuvor gewesen ist. Und dieser Bereich kann nicht mit Worten oder Symbolen verstanden oder begriffen werden: Er existiert jenseits aller Erinnerungen.

Dienstag, 19. April 1983

In diesem Winter hat es ständig geregnet, Tag für Tag, praktisch die ganzen letzten drei Monate. Das ist so eine Extravaganz Kaliforniens – entweder regnet es überhaupt nicht oder der Regen überflutet das Land. Es gab heftige Unwetter und ganz wenige sonnige Tage. Gestern hat es den ganzen Tag geregnet, und heute morgen hängen die Wolken tief über den Hügeln, und es ist ziemlich düster. Alle Blätter sind vom gestrigen Regen heruntergeschlagen worden. Die Erde ist ganz naß. Die Bäume und diese prächtige Eiche fragen sich wohl, wo die Sonne bleibt.

An diesem besonderen Morgen, an dem die Wolken die Berge und Hügel fast bis hinab ins Tal verdecken, fragen wir uns, was bedeutet es, ernst zu sein? Was bedeutet es, wenn der Geist – oder das Gehirn – ganz ruhig und ernst ist? Sind wir jemals ernst? Oder leben wir immer in einer Welt von Oberflächlichkeit, laufen hin und her, kämpfen, streiten, sind gewalttätig um völlig trivialer Dinge willen? Was bedeutet es, wenn das Gehirn ganz wach ist, nicht begrenzt durch seine eigenen Gedanken, durch Gedächtnis, Erinnerungen? Was bedeutet es, wenn das Gehirn frei ist von aller Unruhe des Lebens, allem Schmerz, allen Ängsten und dem endlosen Kummer? Ist es dem Geist, dem Gehirn jemals möglich, völlig frei zu sein, nicht geformt von Einflüssen, von Erfahrung und der enormen Anhäufung von Wissen?

Wissen ist Zeit; Lernen bedeutet Zeit. Um Geige spielen zu lernen, braucht man unendliche Geduld, monatelanges Üben, Jahre hingebungsvoller Konzentration. Lernen, um eine Fähigkeit zu erwerben, lernen, um Sportler zu werden oder eine gute Maschine zu bauen oder auf den Mond zu fliegen – dies alles erfordert Zeit. Aber kann man etwas über die Psyche lernen, darüber, wer man selbst ist – mit all den Unberechenbarkeiten, der Kompliziertheit der eigenen Reaktionen und Handlungen, Hoffnung, Versagen, Leid und Freude – was gibt es über das alles zu lernen? Wie gesagt, in einem bestimmten Bereich unserer physischen Existenz erfordert das Sammeln von Kenntnissen und das Handeln aus dieser Kenntnis heraus Zeit. Übertragen wir vielleicht dieses selbe Prinzip, dieselbe Bewegung der Zeit in die Welt der Psyche? Auch da sagen wir, wir müssen etwas über uns selbst lernen, über unsere Reaktionen, unser Verhalten, unsere Hochstimmungen und Depressionen, unsere Ideenbildungen und so weiter; wir glauben, auch das alles braucht Zeit.

Du kannst etwas über das Begrenzte lernen, doch Du kannst nichts über das Grenzenlose lernen. Und wir versuchen, etwas über den ganzen Bereich der Psyche zu lernen und sagen, das braucht Zeit. Doch Zeit könnte in diesem Bereich eine Illusion sein, sie könnte ein Feind sein. Das Denken erzeugt die Illusion, und diese Illusion entwickelt sich, wächst, breitet sich aus. Die Illusion aller religiösen Aktivität hat wohl sehr, sehr einfach begonnen und nun sieh, was daraus geworden ist – ungeheure Macht, riesige Besitzungen, große Anhäufungen von Kunstschätzen, Vermögen, und die religiöse Hierarchie, die Gehorsam verlangt und Dich drängt, mehr Glauben zu haben. Das alles ist die Erweiterung, die Kultivierung, die Entwicklung der Illusion, was viele Jahrhunderte gebraucht hat. Die Psyche ist der ganze Inhalt des Bewußtseins, ist die Erinnerung an alles, was vergangen und tot ist. Wir legen solch großen Wert auf die Erinnerung. Die Psyche ist die Erinnerung. Alle Tradition ist bloße Vergangenheit. Wir klammern uns daran und wollen alles über sie lernen und glauben, daß Zeit dazu notwendig ist, so wie in einem anderen Bereich.

Fragt man sich wohl jemals, ob Zeit anhalten kann – Zeit zu werden, Zeit zu erfüllen? Gibt es irgendetwas über all das zu lernen? Oder ist es möglich zu sehen, daß die ganze Bewegung dieser illusionären Erinnerung, die so real erscheint, enden kann? Wenn Zeit anhalten kann, was ist dann die Beziehung zwischen dem, was jenseits der Zeit liegt und all den physischen Aktivitäten des Gehirns, wie Gedächtnis, Wissen, Erinnerungen, Erfahrungen? Welcher Art ist die Beziehung dieser beiden zueinander? Wissen und Denken sind, wie wir oft gesagt haben, begrenzt. Das Begrenzte kann unmöglich irgendeine Beziehung zum Grenzenlosen haben, das Grenzenlose aber kann eine gewisse Kommunikation mit dem Begrenzten haben, eine Kommunikation, die jedoch immer begrenzt, beschränkt, fragmentarisch sein muß.

Jemand mit kommerzieller Mentalität könnte fragen, was ist der Nutzen von all dem, was nützt das Grenzenlose, wie kann man davon profitieren? Wir wollen immer eine Belohnung haben. Wir leben nach dem Prinzip von Lohn und Strafe, wie ein trainierter Hund – er wird belohnt, wenn er gehorsam ist. Und wir sind fast genauso, in dem Sinne, daß wir für unsere Handlungen belohnt werden wollen, für unseren Gehorsam und so weiter. Diese Forderung stammt aus dem begrenzten Gehirn. Das Gehirn ist das Zentrum des Denkens, und das Denken ist immer und unter allen Umständen begrenzt. Es mag Außerordentliches, Theoretisches, Unermeßliches erfinden, doch seine Erfindung ist stets begrenzt. Deshalb muß man vollkommen frei von aller Last und Mühsal des Lebens und von allem egozentrischen Handeln sein, damit das Grenzenlose sein kann.

Was unermeßlich ist, kann nicht mit Worten gemessen werden. Wir versuchen immer, das Unermeßliche in einen Rahmen von Worten zu setzen, und das Symbol ist nicht das Wirkliche. Doch wir beten das Symbol an, deshalb leben wir immer in einem Zustand der Begrenztheit.

An diesem Morgen also, an dem die Wolken in den Baumwipfeln hängen und alle Vögel still sind und auf das Gewitter warten, ist es gut, ernst zu sein und unsere ganze Existenz, die Götter selbst und alles menschliche Tun, in Frage zu stellen. Unser Leben ist so kurz, und während dieser kurzen Zeit gibt es nichts über den ganzen Bereich der Psyche, diese Bewegung des Gedächtnisses, zu lernen, wir können sie nur beobachten. Beobachte ohne jede Regung der Gedanken, beobachte ohne Zeit, ohne vergangenes Wissen, ohne den Beobachter, der das Wesen der Vergangenheit ist. Beobachte einfach. Beobachte die Wolken, die sich formen und umformen, beobachte die Bäume, die kleinen Vögel. Das alles gehört zum Leben. Wenn Du aufmerksam beobachtest, gründlich, dann gibt es nichts zu lernen; es gibt nur diesen weiten Raum, diese Stille und Leere, die alles-verzehrende Energie ist.

Mittwoch, 20. April 1983

An der Spitze eines jeden Blattes, der großen Blätter wie der allerkleinsten, glitzerte ein Tropfen Wasser in der Sonne wie ein seltener Edelstein. Und es wehte eine leichte Brise, doch diese Brise beeinträchtigte oder zerstörte nicht die Tropfen an den vom späten Regen reingewaschenen Blättern. Es war ein sehr ruhiger Morgen, voller Freude, friedlich, und man spürte etwas wie einen Segen in der Luft. Und wenn wir das glitzernde Licht auf jedem reinen Blatt betrachteten, da war die Erde so außerordentlich schön, trotz all der Telegraphendrähte mit ihren häßlichen Masten. Trotz allen Lärms der Welt war die Erde reich, beständig, verläßlich. Und obwohl es hin und wieder Erdbeben gab, die viel zerstörten, war die Erde immer noch schön. Man weiß die Erde nicht wirklich zu schätzen, wenn man nicht ganz mit ihr lebt, mit ihr arbeitet, mit den Händen in den Staub greift, große Steine und Felsbrocken hebt – man kennt nicht das besondere Gefühl, mit der Erde zu sein, mit den Blumen, den riesigen Bäumen und dem kräftigen Gras und den Hecken am Straßenrand.

Alles war voller Leben an diesem Morgen. Wie wir so schauten, war da ein Gefühl großer Freude, und der Himmel war blau, die Sonne kam langsam aus den Hügeln hervor, und es war hell. Wir beobachteten, wie die Spottdrossel auf dem Draht ihre Possen trieb, sie hüpfte hoch und überschlug sich und landete wieder auf demselben Fleck. Während wir den Vogel beobachteten, wie er sich freute, wenn er in die Luft sprang und dann sich drehend herunterkam mit seinen schrillen Rufen, seiner Lebensfreude, da existierte nur dieser Vogel, der Beobachter existierte nicht. Der Beobachter war nicht mehr da, nur der Vogel, grau und weiß, mit länglichem Schwanz. Dieses Beobachten geschah ohne jegliche Regung des Denkens, es sah nur die Lebhaftigkeit des Vogels und seine Freude.

Wir beobachten nie lange. Wenn wir mit großer Geduld beobachten, ohne jegliches Gefühl, der Beobachter zu sein, diese Vögel beobachten, diese Tröpfchen auf den bebenden Blättern, die Bienen und die Blumen und den langen Ameisenzug, dann hört die Zeit auf, die Zeit hält inne. Man nimmt sich nicht Zeit, um zu beobachten oder hat Geduld, um zu beobachten. Man lernt eine Menge durch Beobachtung – das Beobachten von Menschen, die Art, wie sie gehen, wie sie reden, ihre Gesten. Du kannst ihre Eitelkeit durchschauen oder die Vernachlässigung ihres Körpers. Sie sind gleichgültig, sie sind abgestumpft.

Ein Adler flog hoch in der Luft, kreisend, ohne einen Flügelschlag, vom Luftstrom davongetragen über die Hügel und war verschwunden. Beobachten, lernen: Lernen bedeutet Zeit, doch Beobachten kennt keine Zeit. Oder wenn Du horchst – horche ohne jegliche Interpretation, ohne jegliche Reaktion, horche ohne jegliches Vorurteil. Lausche dem Donner in den Wolken, dem Donner, der zwischen den Hügeln rollt. Man hört niemals vollkommen zu, sondern es gibt immer Unterbrechungen. Beobachten und Zuhören sind eine große Kunst – beobachten und zuhören ohne jegliche Reaktion, ohne jegliches Gefühl, der Zuhörer oder der Schauende zu sein. Durch Beobachten und Zuhören lernen wir unendlich viel mehr als von jedem Buch. Bücher sind notwendig, doch Beobachten und Zuhören schärfen die Sinne. Denn schließlich ist das Gehirn das Zentrum aller Reaktionen, Gedanken und Erinnerungen. Doch wenn Deine Sinne nicht äußerst wach sind, kannst Du nicht wirklich beobachten und zuhören und lernen, nicht nur wie man handelt, sondern wie man lernt, denn das ist der eigentliche Nährboden, in dem die Saat der Güte wachsen kann.

Wenn dieses einfache, klare Beobachten und Zuhören stattfindet, dann ist da ein Gewahrsein – ein Gewahrsein der Farbe dieser Blumen, rot, gelb, weiß, der Frühlingsblätter, der Stengel, so fein, so zart, ein Gewahrsein des Himmels, der Erde und der Menschen dort, die vorübergehen. Sie sind schwatzend diese lange Straße entlanggegangen, ohne die Bäume, die Blumen, den Himmel und die wunderbaren Berge je anzusehen. Sie merken nicht einmal, was um sie herum vorgeht. Sie reden viel über die Umwelt, daß wir die Natur schützen müssen und so weiter, doch anscheinend sind sie der Schönheit und der Stille der Berge und der Würde eines wunderbaren alten Baumes nicht gewahr. Sie sind sich nicht einmal ihrer eigenen Gedanken bewußt, ihrer eigenen Reaktionen, noch sind sie sich ihres Ganges, ihrer Kleidung bewußt. Das soll nicht heißen, daß sie egozentrisch sein sollen in ihrer Beobachtung, ihrem Gewahrsein – nur einfach gewahr sein.

Wenn Du bewußt bist, dann hast Du die Wahl, etwas zu tun oder zu lassen, etwas zu mögen oder nicht zu mögen. Deine Vorurteile, Deine Ängste, Deine Befürchtungen, die Freuden, an die Du Dich erinnert hast, die Vergnügungen, denen Du nachgegangen bist – das alles beruht auf Wahl, und wir glauben, daß diese Wahl uns Freiheit gibt.

Wir lieben diese Freiheit zu wählen; wir glauben, Freiheit ist notwendig, um zu wählen – oder vielmehr, daß Wahl uns ein Gefühl der Freiheit gibt –, doch es gibt keine Wahl, wenn Du die Dinge ganz, ganz klar siehst.

Das führt uns zu einem Gewahrsein ohne Wahl – gewahr zu sein ohne jegliche Vorliebe oder Abneigung. Ein wirklich einfaches, ehrliches, wahlfreies Gewahrsein führt zu etwas anderem, nämlich zu Aufmerksamkeit. Das Wort bedeutet zwar Ausstrecken, Begreifen, Festhalten, doch das ist immer noch die Aktivität des Gehirns, ist im Gehirn selbst. Beobachten, Gewahrsein, Aufmerksamkeit finden im Bereich des Gehirns statt, und das Gehirn ist begrenzt – konditioniert von der Lebensweise früherer Generationen, den Eindrücken, den Traditionen und all der Torheit und der Güte der Menschheit. Also ist alles Handeln aus dieser Aufmerksamkeit heraus immer noch begrenzt, und was begrenzt ist, muß unweigerlich zu Unordnung führen. Wenn man von morgens bis abends an sich selbst denkt – an seine eigenen Sorgen, sein eigenes Verlangen, Forderungen und Erfüllungen –, diese Egozentrik muß, da sie etwas sehr, sehr Begrenztes ist, in der Beziehung zum anderen, der ebenfalls begrenzt ist, Reibungen verursachen. Da muß es Reibungen, da muß es Spannungen und vielerlei Störungen geben, die immerwährende Gewalttätigkeit der Menschen.

Wenn man auf all dies aufmerksam ist, in einem Gewahrsein ist ohne Wahl, dann entsteht daraus Einsicht. Einsicht ist kein Vorgang des Erinnerns, der Fortdauer des Gedächtnisses, Einsicht ist wie ein Lichtblitz. Du siehst mit absoluter Klarheit all die Komplikationen, die Konsequenzen, die

Verwicklungen. Dann ist diese Einsicht selbst ein Handeln, ist vollkommen. Darin ist kein Bereuen, kein Zurückblicken, kein Gefühl, niedergeschlagen zu sein, kein Diskriminieren. Das ist reine, klare Einsicht – Wahrnehmung ohne jeden Schatten von Zweifel.

Die meisten von uns fangen an mit Gewißheit, und wenn wir älter werden, wird diese Gewißheit zur Ungewißheit, und in dieser Ungewißheit sterben wir. Wenn man jedoch in Ungewißheit anfängt, zweifelnd und fragend, suchend, fordernd, mit echtem Zweifel an menschlichem Verhalten, an allen religiösen Ritualen und ihren Darstellungen und Symbolen, dann kommt aus diesem Zweifeln die Klarheit der Gewißheit. Wenn zum Beispiel klare Einsicht in die Gewalt besteht, dann verbannt die Einsicht selbst alle Gewalt. Diese Einsicht ist außerhalb des Gehirns, wenn man das so ausdrücken kann. Sie ist nichts Zeitliches. Sie kommt nicht aus dem Gedächtnis oder aus dem Wissen, und so verändert diese Einsicht und ihr Wirken die Gehirnzellen selbst. Diese Einsicht ist vollkommen, und von dieser Vollkommenheit her ist logisches, geistig gesundes, rationales Handeln möglich.

Diese ganze Bewegung von Beobachten, Zuhören bis zum Donnerschlag der Einsicht ist eine einzige Bewegung; sie ist kein schrittweises Dazukommen. Sie ist wie ein geschwinder Pfeil. Und diese Einsicht allein kann das Gehirn von seiner Konditionierung befreien, nicht die Anstrengung des Denkens, die auf Entschluß beruht, weil man etwas für notwendig hält; nichts von alledem führt zur vollkommenen Freiheit von der Konditionierung. Das alles ist Zeit und das Enden der Zeit. Der Mensch ist zeitgebunden, und dieses Gefesseltsein an die Zeit ist die Bewegung des Denkens. Wo es also ein Ende des Denkens und der Zeit gibt, da ist vollkommene Einsicht. Nur dann kann das Gehirn voll erblühen. Nur dann kannst Du eine vollkommene Beziehung zum Geist haben.

Donnerstag, 21. April 1983

Hoch oben in den Bergen liegt eine Hütte, etwas abgelegen, obwohl es dort auch andere Hütten gibt. Die Hütte lag unter den riesigen, herrlichen alten Bäumen, den Sequoias*. Einige von ihnen sollen schon zur Zeit der alten Ägypter existiert haben, etwa zur Zeit Ramses des Zweiten. Es sind wirklich herrliche Bäume. Ihre Rinde ist rosafarben und leuchtet im Licht der Morgensonne. Diese Bäume können nicht verbrennen, ihre Rinde widersteht dem Feuer, und man kann sehen, wo die alten Indianer ein Feuer um den Baum herum gelegt haben; die dunkle Brandspur ist noch da. Sie sind wirklich ganz riesig groß, ihre Stämme sind gewaltig, und wenn Du ganz still unter ihnen im Morgenlicht sitzt, die Sonne in den Wipfeln, dann kommen alle Eichhörnchen ganz nahe zu Dir heran. Sie sind sehr neugierig, wie die Blauhäher; es gibt hier auch Häher, blaue Vögel, immer dabei Dich auszuschelten, Dich zu fragen, warum Du hier bist, und Dir zu sagen, daß Du ihr Revier störst und so schnell wie möglich weggehen sollst. Doch wenn Du Dich ruhig verhältst, beobachtend, die Schönheit des Sonnenlichts zwischen den Blättern in der stillen Luft betrachtend, dann lassen sie Dich in Ruhe, akzeptieren Dich, wie es die Eichhörnchen tun.

Es war außerhalb der Saison, die Hütten standen daher leer, Du warst allein, und bei Nacht war es ganz still. Und manchmal kamen Bären, und Du hörtest ihre schweren

---

* Im September 1942 hatte Krishnamurti drei Wochen allein in einer Hütte im Sequoia National Park verbracht und war dort sehr glücklich gewesen. An dieses Erlebnis erinnert er sich in diesem Diktat.

Körper an der Hütte entlangstreifen. Es war fast eine Wildnis, da die moderne Zivilisation sie noch nicht völlig zerstört hatte. Man muß von der Ebene in Windungen hoch und immer höher und höher hinaufsteigen, bis man diesen Sequoia-Wald erreicht. Bäche rauschten den Hang hinab. Es war unsäglich schön, allein unter diesen ausladenden, sehr hohen, großartigen Bäumen zu sein, uralt, jenseits aller Erinnerung und so völlig unberührt von allem, was in der Welt vorging, still in ihrer uralten Würde und Kraft.

Und in dieser Hütte, umgeben von diesen alten, zeitlosen Bäumen, warst Du allein, Tag für Tag, beobachtend, machtest lange Spaziergänge, trafst fast keinen Menschen. Aus dieser Höhe konntest Du in die Talebene blicken, sonnenbeschienen, voller Geschäftigkeit. Du konntest sehen, wie die Autos einander jagten wie kleine Insekten. Und hier oben waren nur die wirklichen Insekten mit ihrem Tagewerk beschäftigt. Hier gab es eine Menge Ameisen. Die roten krabbelten über Deine Beine, doch sie schienen Dich nie besonders zu beachten.

Von dieser Hütte aus hast Du die Eichhörnchen gefüttert. Da war ein bestimmtes Eichhörnchen, das kam jeden Morgen, und Du hattest eine Tüte mit Erdnüssen, und davon gabst Du ihm eine nach der anderen: Es steckte sie ins Maul, sprang über das Fensterbrett und kam auf den Tisch, sein buschiger Schwanz berührte, aufgerollt, fast seinen Kopf. Es nahm sich viele von den geschälten Erdnüssen, manchmal sogar die ungeschälten, und sprang zurück über das Fensterbrett herunter auf die Veranda und über die Lichtung in einen toten ausgehöhlten Baum, der sein Zuhause war. Es kam vielleicht eine Stunde oder länger und wollte diese Erdnüsse, hin und zurück, hin und zurück. Und es war allmählich ganz zahm geworden. Du konntest es streicheln, es war so weich, so sanft, in seinen Augen war Überraschung und später Freundschaft. Es wußte, Du würdest ihm nicht wehtun. Eines Tages schlossest Du alle Fenster, als es drinnen war, und die Tüte mit Erdnüssen lag auf dem Tisch, es nahm wie gewöhnlich das Maul voll und sprang zu den Fenstern und zur Tür, alles war geschlossen, und es merkte, daß es gefangen war. Es hüpfte zum Tisch, sprang herauf, sah Dich an und begann zu schimpfen. Schließlich konntest Du ja das lebhafte, schöne Geschöpf nicht als Gefangenen halten, also öffnetest Du die Fenster. Es sprang auf den Boden, kletterte über das Fensterbrett, lief zum hohlen Baum und kam gleich zurück, um mehr zu verlangen. Von da an waren wir wirklich gute Freunde. Nachdem es das Loch mit Erdnüssen vollgestopft hatte, wahrscheinlich für den Winter, lief es an den Stämmen der Bäume hinauf und jagte sich mit den anderen Eichhörnchen und kehrte immer wieder zurück zu seinem toten Baumstamm. Dann kam es manchmal des Abends ans Fensterbrett und saß da und schwatzte, sah mich an, erzählte mir von seinem Tagewerk, und wenn es dunkel wurde, sagte es Gute Nacht und sprang zurück zu seiner Wohnung in der Höhlung des toten alten Baumes. Und früh am nächsten Morgen saß es wieder auf dem Fensterbrett, rufend und schwatzend, und der Tag begann.

Jedes Tier im Wald, jedes kleine Wesen tat dasselbe – sammelte Nahrung, jagte andere im Spaß und im Zorn, und die großen Tiere, wie die Rehe, waren neugierig und sahen Dich an. Und als Du ein wenig höher hinaufstiegst und auf dem felsigen Pfad entlanggingst, war da eine große Bärin, schwarz, mit vier Jungen, so groß wie große Katzen. Sie schob sie den Baum hinauf, alle vier, und sie kletterte hinauf in Sicherheit, und dann drehte die Mutter sich um und sah mich an. Seltsamerweise hatten wir keine Angst. Wir sahen einander an, etwa zwei oder drei Sekunden oder länger, und dann drehtest Du Dich um und gingst denselben Pfad zurück. Erst als Du wieder sicher in Deiner Hütte warst, wurde Dir klar, wie gefährlich diese Begegnung mit einer Bärenmutter und ihren vier Jungen gewesen war.

Das Leben ist ein endloser Prozeß des Werdens und Endens. Damals war dieses großartige Land noch einfach, es war technologisch noch nicht so schrecklich fortgeschritten und auch noch nicht ganz so vulgär wie heute. Man saß auf den Stufen vor der Hütte und beobachtete, und alles war aktiv – die Bäume, die Ameisen, die Kaninchen, Rehe, Bär und Eichhörnchen. Leben ist Handeln. Leben ist eine Folge ständigen, endlosen Handelns, bis Du stirbst. Handeln, das aus Verlangen entsteht, ist verzerrt, ist begrenzt, und dieses begrenzte Handeln muß ausnahmslos, was Du auch tust, endlosen Konflikt herbeiführen. Alles Begrenzte muß seiner ganzen Natur nach viele Probleme und Krisen verursachen. So wie etwa ein Mann, ein Mensch, der immer nur an sich selbst, seine Probleme, seine Erfahrungen, seine Freuden und Vergnügungen, an seine geschäftlichen Angelegenheiten denkt – völlig egozentrisch. Das Handeln eines solchen Menschen ist natürlich sehr begrenzt. Man erkennt nie das Begrenzte dieser

Egozentrik. Man nennt es Erfüllung, sich Ausdruck geben, Erfolg haben, dem Vergnügen nachjagen und innerlich etwas werden, man nennt es den Drang, den Wunsch zu sein. Dieses ganze Verhalten muß nicht nur begrenzt und verzerrt sein, sondern auch jedes daraus folgende Handeln, gleich welcher Art, muß unweigerlich zu Fragmentierung führen, wie man in dieser Welt sehen kann. Verlangen ist etwas sehr Starkes: die Mönche und die Sannyasis der Welt haben versucht, es zu unterdrücken, sie haben versucht, diese brennende Flamme irgendwelchen edlen Symbolen oder irgendeiner Idee gleichzusetzen – das Verlangen mit etwas Höherem gleichzusetzen –, doch es ist immer noch Verlangen. Welches Handeln auch immer aus Verlangen hervorgeht, man mag es edel oder unedel nennen, es ist stets begrenzt, verzerrt.

Nun ist der Blauhäher zurückgekommen; er sitzt hier nach seiner Morgenmahlzeit und schimpft, um sich bemerkbar zu machen. Du hst ihm ein paar Erdnüsse zugeworfen. Er schimpfte zuerst, dann hüpfte er hinunter zum Boden, nahm ein paar in den Schnabel, flog zurück auf seinen Zweig, flog auf und kam zurück und schimpfte. Und auch er wurde mit jedem Tag allmählich zahmer. Er kam ganz nahe, mit blitzenden Augen, Schwanz hoch, das Blau leuchtend hell und klar – ein Blau, das kein Maler einfangen kann. Und er beschimpfte die anderen Vögel. Wahrscheinlich war das sein Revier, und er duldete keine Eindringlinge. Aber es gibt immer Eindringlinge. Bald kamen andere Vögel. Alle mochten wohl Rosinen und Erdnüsse. Die ganze Aktivität des Daseins war hier.

Die Sonne stand nun hoch am Himmel, und es gab nur wenige Schatten, doch gegen Abend werden lange Schatten da sein, schön geformt, plastisch, dunkel, mit einem Lächeln.

Gibt es ein Handeln, das nicht dem Verlangen entstammt? Wenn wir eine solche Frage stellen, und das tun wir selten, dann können wir versuchen, ohne jegliches Motiv, ein Handeln zu finden, das aus der Intelligenz kommt. Das Handeln aus Verlangen ist nicht intelligent, es führt zu allen möglichen Problemen und Streitfällen. Gibt es ein Handeln der Intelligenz? Man muß immer etwas skeptisch in diesen Dingen sein: Zweifel ist eine ganz besondere Triebfeder zur Reinigung des Geistes und des Herzens. Zweifel, im richtigen Ausmaß, bringt große Klarheit, Freiheit. In den östlichen Religionen gehört das Zweifeln, das Infragestellen, zu den Voraussetzungen der Wahrheitsfindung, doch in der religiösen Kultur der westlichen Zivilisation ist Zweifel eine Bosheit des Teufels. Doch in der Freiheit, im Handeln, das nicht aus Verlangen kommt, muß der Funke des Zweifels sein. Wenn man wirklich sieht, nicht theoretisch, nicht verbal, daß das Handeln aus Verlangen korrupt, verzerrt ist, dann ist diese Wahrnehmung selbst der Anfang jener Intelligenz, aus der zu handeln etwas völlig anderes ist. Das heißt, das Falsche als falsch zu sehen, das Wahre im Falschen und Wahrheit als Wahrheit. Solche Wahrnehmung ist jene Art von Intelligenz, die weder Dein noch mein ist, und diese handelt dann. Dieses Handeln kennt keine Verzerrung, keine Reue. Es hinterläßt kein Zeichen, keine Fußspur im Sand der

Zeit. Diese Intelligenz kann nicht da sein ohne großes Mit-Gefühl, Liebe, wenn Du es so nennen willst. Mit-Gefühl kann nicht sein, wenn der Denkprozeß in einer bestimmten Ideologie oder einem bestimmten Glauben verankert oder an ein Symbol oder eine Person gebunden ist. Nur in Freiheit kann Mit-Gefühl existieren. Und wo diese Flamme ist, ist diese Flamme selbst die Bewegung der Intelligenz.

Freitag, 22. April 1983

Hier sind wir, inmitten der Orangen- und Avocado-Plantagen, in etwa fünfhundert Meter Höhe, mit den Hügeln hinter dem Haus. Der höchste Hügel in dieser Gegend ist etwa zweitausend Meter hoch. Es ist eher ein Berg, und sein alter Name ist Topa Topa. Früher lebten hier Indianer; sie müssen sehr sonderbar und eine recht sympathische Rasse gewesen sein. Sie waren vielleicht grausam, doch das Volk, das sie vernichtete, war noch viel grausamer. Nach einem Regentag wartet die Natur hier oben atemlos auf ein weiteres Unwetter, und die Welt der Blumen und kleinen Sträucher freut sich über diesen ruhigen Morgen, und selbst die Blätter erscheinen so glänzend und so scharf umrissen. Dort ist ein Rosenstrauch voller Rosen, leuchtend rot; ihre Schönheit, der Duft, die Stille dieser Blume ist ein Wunder.

Wir fahren mit dem alten Auto, das gut erhalten ist, schön poliert, mit glatt laufendem Motor, fahren hinunter ins Dorf, durch das Dorf, vorbei an all den kleinen Häusern, den Schulen, dann durch das freie Land voller Avocados – fahren hinunter durch die Schlucht, über die Kurven einer glatten, gut gebauten Straße; dann ging es hoch und immer höher hinauf, wohl bis über fünfzehnhundert Meter. Dort hielt das Auto an, und da waren wir, hoch oben, überblickten all die Hügel, die so grün waren, mit Büschen, Bäumen und tiefen Schluchten. Es war, als ob wir oben unter den Göttern wären.

Nur wenige befuhren die Straße, die weiter durch die Wüste führt, bis zu einer großen Stadt, Meilen entfernt zu unserer Linken. Wenn Du nach Süden schaust, siehst Du das ferne, ferne Meer – den Pazifik. Es ist ganz still hier. Obwohl Menschen diese Straße gebaut haben, gibt es hier glücklicherweise keine Spur des Menschen. Es hatte gebrannt hier oben, doch das war vor vielen Jahren. Du kannst ein paar verbrannte Baumstümpfe sehen, schwarz, doch um sie herum ist es wieder grün. Es hat stark geregnet, und alles steht nun in Blüte, lila, blau und gelb, mit hellroten Tupfen hier und dort. Die Herrlichkeit der Erde war nie so voll tiefen Mit-Gefühls wie hier oben.

Wir saßen am Rand der Straße, wo es recht sauber war. Es war die Erde; Erde ist immer sauber. Kleine Ameisen, kleine Insekten, krabbelten und liefen überall herum. Doch es gibt keine wilden Tiere hier oben, seltsamerweise; vielleicht bei Nacht – Rehe, Kojoten und vielleicht ein paar Kaninchen und Hasen. Ab und zu kam ein Auto vorbei, und das brach die Stille, die Würde und die Reinheit der Stille. Dies ist wirklich ein außergewöhnlicher Platz.

Worte können diese Weite, die sanft gerundeten Hügel und den weiten Raum nicht ermessen, auch nicht den blauen Himmel und die ferne Wüste. Es war die ganze Erde. Man wagte kaum zu sprechen, es war eine so überwältigende Stille, die man nicht stören durfte. Und diese Stille kann mit Worten nicht ermessen werden. Wenn Du ein Dichter wärest, würdest Du sie vielleicht mit Worten messen, sie in ein Gedicht fassen, doch das, was geschrieben ist, ist nicht das Wirkliche. Das Wort ist nicht das Ding. Und hier, so wie man hier saß, neben einem Felsen, der sich langsam erwärmte, existierte der Mensch nicht. Die sanften Hügel, die höheren Berge, die großen weitgestreckten Täler in tiefem Blau, da warst nicht Du, da war nichts als das.

Seit Urzeiten hatten alle Zivilisationen diesen Begriff des Messens. Alle ihre herrlichen Bauwerke basierten auf mathematischen Messungen. Wenn Du die Akropolis betrachtest und die Herrlichkeit des Parthenon und die hundertzehnstöckigen Gebäude in New York, sie alle benötigten diese Messungen.

Messung geschieht nicht nur mit dem Maßstab; Messung existiert bereits im Gehirn: das Große und das Kleine, das Bessere, das Mehr. Diesen Vorgang des Vergleichens gibt es schon seit unvordenklichen Zeiten. Wir vergleichen unentwegt. Das Bestehen von Prüfungen in der Schule, auf dem College, der Universität – unsere ganze Lebensweise ist zu einer Folge von kalkulierten Messungen geworden: das Schöne und das Häßliche, das Edle und das Unedle, unser ganzes Wertsystem, die Argumente, die mit Schlußfolgerungen enden, die Macht der Menschen, die Macht der Nationen. Messen war und ist für den Menschen notwendig. Und das Gehirn, das auf Messen, auf Vergleichen abgerichtet ist, versucht das Unmeßbare zu messen – das mit Worten zu messen, was einfach nicht meßbar ist. Es war ein langer, jahrhundertelanger Prozeß – die höheren Götter und die niederen Götter, das Messen der gewaltigen Ausdehnung des Universums und das Messen der Geschwindigkeit des Sportlers. Dieses Vergleichen hat sehr viele Ängste und Leiden mit sich gebracht.

Und nun ist auf diesen Felsen, ganz nahe bei uns, eine Eidechse gekommen, um sich zu wärmen. Du kannst ihre schwarzen Augen sehen, ihren schuppigen Rücken und den langen Schwanz. Sie ist so still, regungslos. Die Sonne hat den Felsen erwärmt, und die Eidechse, die aus ihrer kalten Nacht gekommen ist, um sich zu wärmen, wartet auf eine Fliege oder ein Insekt – sie wird die Entfernung messen und es schnappen.

Ohne Vergleiche leben, innerlich ohne irgendwelches Messen leben, nie vergleichen, was Du bist mit dem, was Du sein solltest. Das Wort „Meditation" bedeutet nicht nur nachdenken, überlegen, prüfen, schauen, abwägen, es hat auch noch eine viel tiefere Bedeutung im Sanskrit – messen, in der Bedeutung von ‚werden'. In der Meditation darf es kein Messen geben. Diese Meditation darf keine bewußte Meditation in absichtsvoll gewählten Stellungen sein. Diese Meditation muß völlig unbewußt sein, nicht wissend daß *Du* es bist, der meditiert. Wenn Du absichtlich meditierst, dann ist dies eine andere Form des Verlangens, so wie jeder andere Ausdruck des Verlangens. Die Ziele mögen verschieden sein, Deine Meditation mag das Höchste erreichen wollen, doch das Motiv ist das Verlangen, etwas zu erreichen wie der Geschäftsmann, wie der Erbauer einer großen Kathedrale. Meditation ist eine Bewegung ohne jegliches Motiv, ohne Worte und die Aktivität des Denkens. Sie muß etwas sein, das nicht absichtlich herbeigeführt wird. Nur dann ist Meditation eine Bewegung im Unendlichen, etwas für den Menschen Unmeßbares, ohne ein Ziel, ohne ein Ende und ohne einen Anfang. Und das hat eine seltsame Auswirkung im täglichen Leben, denn alles Leben ist eins und wird somit heilig. Und das, was heilig ist, kann niemals getötet werden. Einen anderen zu töten, ist unheilig. Es schreit zum Himmel wie ein Vogel, der in einem Käfig gefangen ist. Man erkennt nie, wie heilig das Leben ist, nicht nur Dein kleines Leben, sondern das Leben Millionen anderer, von den Dingen der Natur bis zu den außerordentlichen menschlichen Wesen. Und in der Meditation, die kein Messen kennt, ist das eigentliche Wirken des Edelsten, des Heiligsten und Erhabensten.

Damals am Ufer eines Flusses* – wie schön sind doch Flüsse; es gibt nicht nur einen heiligen Fluß, alle Flüsse auf der ganzen Welt haben etwas Göttliches –, damals saß ein Mann am Ufer eines Flusses, in ein rehfarbenes Tuch gehüllt. Seine Hände waren verborgen, seine Augen geschlossen, und sein Körper war ganz still. Er hielt eine Perlenschnur in den Händen und wiederholte immer wieder einige Worte, und seine Finger bewegten sich von einer Perle zur anderen. Er tat dies seit vielen Jahren, und er ließ nie eine Perle aus. Und der Fluß strömte an ihm vorbei. Seine Strömung war tief. Er begann in den großen Bergen, schneebedeckt und fern; er begann als ein kleiner Bach, und südwärts fließend, sammelte er in sich all die kleinen Bäche und Flüsse und wurde ein großer Strom. In jenem Teil der Welt wurde er als etwas Heiliges verehrt. Man weiß nicht, wie viele Jahre dieser Mann schon sein Mantra wiederholt hatte und die Perlen bewegte. Er meditierte – zumindest dachten die Leute, daß er meditierte, und wahrscheinlich dachte er das auch. Und alle Vorübergehenden sahen ihn an, wurden still und fuhren dann fort mit ihrem Gelächter und Geschwätz. Die fast bewegungslose Gestalt

* Dies ist eine Erinnerung aus der Zeit, als er in Benares am Ufer des Ganges war.

– durch das Tuch konnte man nur eine leichte Bewegung der Finger sehen – saß dort schon seit sehr langer Zeit, völlig versunken, denn er hörte keinen anderen Laut als den Klang seiner eigenen Worte und ihren Rhythmus, ihre Musik. Und er würde sagen, daß er meditierte. Es gibt Tausende so wie ihn, überall auf der Welt, in den stillen, tiefen Klöstern in den Bergen und Städten und an den Flüssen.

Meditation ist nicht Worte, ein Mantra oder Selbsthypnose, die Droge der Illusion. Sie muß ohne Deinen Willen geschehen. Sie muß geschehen in der ruhigen Stille der Nacht, wenn Du plötzlich wach bist und spürst, daß das Gehirn still ist und eine eigentümliche Art von Meditation vor sich geht. Sie muß so still sein wie eine Schlange im hohen Gras, grün im frischen Morgenlicht. Sie muß in den tiefen Nischen des Gehirns stattfinden. Meditation ist keine Leistung. Es gibt keine Methode, kein System, keine Übung. Meditation beginnt mit dem Enden des Vergleichens, dem Enden von Werden oder Nicht-Werden. So wie die Biene zwischen den Blättern wispert, so ist das Wispern der Meditation ein Handeln.

Samstag, 23. April 1983

Die Wolken hängen noch über den Hügeln, dem Tal und den Bergen. Manchmal öffnet sich die Wolkendecke, und die Sonne kommt hindurch, hell, klar, doch sie verschwindet bald wieder. Man hat einen solchen Morgern gern, kühl, frisch, wenn die ganze Welt rings umher grün ist. Wenn der Sommer kommt, wird die Sonne all das grüne Gras verbrennen, und die Wiesen überall im Tal werden dürr, trocken, und all das Gras mit seinem leuchtenden Grün wird verschwunden sein. Im Sommer ist diese ganze Frische verschwunden.

Man hat diese ruhigen Morgen gern. Die Orangen sind so leuchtend und die dunkelgrünen Blätter glänzen. Und ein Duft von der Orangenblüte ist in der Luft, stark, fast beklemmend. Es gibt eine andere Orangensorte, die später, vor der Sommerhitze, gepflückt wird. Nun sind das grüne Blatt, die Orange und die Blüte gleichzeitig am selben Baum. Es ist eine schöne Welt, doch der Mensch ist ihr gegenüber so gleichgültig, verdirbt die Erde, die Flüsse und die Buchten und Süßwasserseen.

Doch lassen wir dies alles hinter uns und gehen auf einem schmalen Pfad spazieren, den Hügel hinauf, wo ein kleiner Bach fließt, der in ein paar Wochen ausgetrocknet sein wird. Du gehst mit einem Freund den Pfad entlang, ihr redet hin und wieder, betrachtet all die verschiedenen Schattierungen von Grün. Welche Vielfalt, vom hellsten Grün, dem Nilgrün, und vielleicht sogar noch hellerem, blauerem, bis zu den dunkleren Grüntönen, üppig, erfüllt vom eigenen Reichtum. Und als Ihr weiter den Pfad hinaufgeht, gerade noch fähig, nebeneinander her zu gehen, findest Du plötzlich etwas überwältigend Schönes, Funkelndes, ein antikes Juwel von außergewöhnlicher Schönheit. Du bist so erstaunt, es auf diesem Pfad zu finden, den so viele Tiere, doch nur wenige Menschen betreten haben. Du betrachtest es mit großem Staunen. Es ist so fein gearbeitet, so kompliziert, wie keines Goldschmiedes Hand es geschaffen haben könnte. Du hältst es eine Weile in der Hand, verwundert und schweigend. Dann steckst Du es sehr vorsichtig in Deine Innentasche, knöpfst sie zu und fürchtest fast, Du könntest es verlieren, oder es könnte seine funkelnde, leuchtende Schönheit verlieren. Und Du hältst Deine Hand an die Außenseite der Tasche, in der es steckt. Der andere sieht das und bemerkt, daß Dein Gesicht und Deine Augen sich seltsam verändert haben. Da ist etwas wie Ekstase, ein sprachloses Staunen, eine atemlose Erregung.

Als der Mann fragt: „Was hast Du gefunden, was Dich so außerordentlich freudig stimmt?" antwortest Du mit ganz leiser, sanfter Stimme (es erscheint Dir seltsam, Deine eigene Stimme zu hören), daß Du die Wahrheit gefunden hast. Du magst nicht darüber reden, Du bist ziemlich scheu; das bloße Sprechen darüber könnte es zerstören. Und der Mann, der neben Dir hergeht, ist ein wenig verstimmt, daß Du nicht offen mit ihm sprichst, und er sagt, wenn Du die Wahrheit gefunden hast, dann laß uns herunter ins Tal gehen und sie organisieren, so daß die anderen sie verstehen, daß die anderen sie begreifen und es ihnen vielleicht hilft. Du erwiderst nichts, es tut Dir leid, daß Du ihm überhaupt etwas gesagt hast.

Die Bäume sind in voller Blüte. Selbst hier oben im leichten Wind, der vom Tal heraufkommt, riechst Du die Orangenblüte und schaust ins Tal hinab und siehst die vielen Orangenbäume und fühlst die ruhige, stille, atemlose Luft. Doch Du hast etwas gefunden, das äußerst kostbar ist, das man einem anderen niemals mitteilen kann. Die anderen mögen es finden, doch du hast es, hältst es fest und liebst es über alles.

Die Institutionen und Organisationen überall auf der Welt haben dem Menschen nicht geholfen. Wir haben alle die äußerlichen Organisationen für unsere Bedürfnisse; die Institutionen des Krieges, der Demokratie, die Institutionen der Tyrannei und die Institutionen der Religion – sie haben ihre Blütezeit gehabt, und sie bestehen weiter, und der Mensch sieht zu ihnen auf, sehnt sich nach Hilfe, nicht nur äußerlich, sondern unter der Haut, in seinem bohrenden Schmerz, dem Schatten der Zeit und den weitschweifenden Gedanken. Seit den frühesten Zeiten hat es Institutionen jeder erdenklichen Art gegeben, und sie haben den Menschen innerlich nicht verändert. Institutionen können niemals den Menschen psychologisch, zutiefst verändern. Und man fragt sich, weshalb der Mensch sie geschaffen hat, denn alle Institutionen auf der Welt sind von Menschen eingerichtet in der Hoffnung, daß sie ihm helfen, daß sie ihm eine Art von bleibender Sicherheit geben. Und seltsamerweise ist das nicht geschehen. Anscheinend machen wir uns nie diese Tatsache klar. Wir schaffen mehr und mehr Institutionen, mehr und mehr Organisation – und eine Organisation bekämpft die andere.

Das Denken erfindet sie alle, nicht nur die demokratischen Organisationen oder die totalitären Organisationen; das Denken merkt und erkennt auch, daß das, was es geschaffen hat, die Struktur, das Wesen des eigenen Selbst nicht grundsätzlich geändert hat. Die Institutionen, die Organisationen und alle Religionen sind vom Denken aufgebaut worden, vom cleveren, gescheiten, gelehrten Denken. Alles, was das Denken geschaffen hat, hervorgebracht hat, formt seine eigene Denkweise. Man fragt sich, wenn es einem wirklich ernst und ehrlich mit seiner Suche ist: Warum hat das Denken seine eigene Aktivität nicht erkannt? Kann das Denken seiner eigenen Bewegung gewahr sein? Kann das Denken sich selbst sehen, sehen, was es tut, sowohl im äußeren als auch im inneren Bereich?

In Wirklichkeit gibt es kein Außen und Innen: Das Innere schafft das Äußere, und das Äußere formt dann das Innere. Diese Ebbe und Flut von Aktion und Reaktion ist die Bewegung des Denkens, und das Denken versucht immer wieder, das Äußere zu überwinden, und es gelingt ihm, was viele Probleme mit sich bringt. Indem ein Problem gelöst wird, entstehen andere Probleme. Das Denken hat auch das Innere geformt, es den äußeren Anforderungen angepaßt. Dieser anscheinend endlose Prozeß hat diese Gesellschaft geschaffen, häßlich, grausam, unmoralisch, gewalttätig. Und wenn es sie geschaffen hat, wird das Innere zu ihrem Sklaven. Das Äußere formt das Innere, und das Innere gestaltet das Äußere. Dieser Prozeß vollzieht sich bereits seit Tausenden und Abertausenden von Jahren, und das Denken scheint seine Aktivität nicht zu erkennen. Und man fragt sich: Kann das Denken jemals seiner selbst gewahr sein, dessen gewahr sein, was es tut? Es gibt keinen vom Gedanken getrennten Denker, das Denken hat den Denker geschaffen, den Erfahrenden, den Analysierenden. Der Denker, derjenige, der beobachtet, derjenige, der handelt, ist das Vergangene samt all dem Erbe der Menschheit – genetisch, biologisch –, den Traditionen, den Gewohnheiten und all dem angehäuften Wissen. Die Vergangenheit ist schließlich Wissen, und der Denker ist nicht getrennt von der Vergangenheit. Das Denken hat die Vergangenheit geschaffen, das Denken *ist* die Vergangenheit. Dann trennt das Denken den Denker vom Gedanken, den der Denker gestalten, kontrollieren muß. Das aber ist ein Irrtum; es gibt nur das Denken. Das Selbst ist das „Ich", die Vergangenheit. Die Einbildungskraft kann die Zukunft entwerfen, doch das ist noch immer die Aktivität des Denkens.

Das Denken also, das dem Wissen entstammt, hat den Menschen nicht verändert und wird ihn niemals verändern, denn Wissen ist immer begrenzt und wird immer begrenzt bleiben. Und so fragt man wieder: Kann das Denken seiner selbst gewahr werden, Denken, das unser ganzes Bewußtsein aufgebaut hat – Aktion und Reaktion, die Reaktionen der Sinne, die Sinnlichkeit, die Ängste, die Sehnsüchte, die Vergnügungssucht, die ganze Agonie der Einsamkeit und das Leiden, das der Mensch sich selbst zugefügt hat durch Kriege, durch seine Unverantwortlichkeit, durch gefühllose Egozentrik? Das alles ist die Aktivität des Denkens, das das Grenzenlose erfunden hat und den Gott, der im Grenzenlosen lebt. All das ist die Aktivität der Zeit und des Denkens.

Wenn man zu diesem Punkt kommt, fragt man das alte, abgenutzte Instrument, das Gehirn, ob es eine radikale

Mutation im Menschen bewirken kann. Wenn das Denken sich selbst erkennt, sieht, wo Wissen in der materiellen Welt notwendig ist und seine eigene Begrenztheit erkennt, dann wird es ruhig, still. Erst dann ist ein neues Instrument vorhanden, das nicht von der Zeit oder vom Denken aufgebaut wurde, das nicht die geringste Beziehung zum Wissen hat. Es ist dieses Instrument, vielleicht ist das Wort Instrument falsch, es ist diese Wahrnehmung, die immer frisch ist, weil sie keine Vergangenheit hat, keine Erinnerung; es ist Intelligenz, aus Mit-Gefühl geboren. Diese Wahrnehmung bewirkt eine tiefe Mutation in den Gehirnzellen selbst, und das Handeln der Wahrnehmung ist immer rechtes Handeln, klar und präzise, ohne den Schatten der Vergangenheit und der Zeit.

Sonntag, 24. April 1983

Es ist ein Frühlingsmorgen, ein Morgen, wie er nie zuvor war und nie wieder sein wird.

Es ist ein Frühlingsmorgen. Jeder kleine Grashalm, die Kamelien, die Rosen, alle blühen, und ein Wohlgeruch liegt in der Luft.

Es ist ein Frühlingsmorgen, und die Erde ist so lebendig, und alle Berge rings um dieses Tal sind grün und die höchsten unter ihnen so außerordentlich lebendig, unbeweglich und majestätisch. Es ist ein Morgen, an dem, während Du den Pfad entlanggehst und um Dich her die Schönheit siehst und die Eichhörnchen, jedes zarte Frühlingsblatt in der Sonne leuchtet. Diese Blätter haben den ganzen Winter darauf gewartet, und nun sind sie herausgekommen, zart, verletzlich; und ohne romantisch, poetisch zu sein, spürt man eine große Liebe, ein Mit-Gefühl, denn alles ist so voller Schönheit, unzerstörbar. Es hat Tausende von Frühlingsmorgen gegeben, doch nie einen solchen Morgen wie diesen, so still, so ruhig, atemlos – wie in Anbetung. Und die Eichhörnchen sind da und auch die Eidechsen.

Es ist ein Frühlingsmorgen, und die Luft ist festlich. Auf der ganzen Welt werden Feste gefeiert, weil Frühling ist. Was gefeiert wird, drückt man auf ganz verschiedene Weise aus, doch das, was *ist*, kann niemals in Worten ausgedrückt werden. Überall, in Gesang und Tanz, ist ein tiefes Gefühl des Frühlings.

Wie kommt es, daß wir die äußerst verletzliche Eigenschaft der Sensibilität zu verlieren scheinen – Sensibilität für alle Dinge um uns her, nicht nur für unsere eigenen

Probleme und Bedrängnisse? Wirklich sensibel sein, nicht in bezug auf etwas Bestimmtes, sondern einfach sensibel, verletzlich wie jenes junge Blatt, das vor ein paar Tagen geboren wurde, um Stürme, Regen, Dunkelheit und Licht auszuhalten. Wenn wir verletzlich sind, werden wir wohl verletzt; verletzt ziehen wir uns in uns selbst zurück, bauen eine Mauer um uns her, werden hart, grausam. Doch wenn wir verletzlich sind, ohne irgendwelche häßlichen und brutalen Reaktionen, offen für alle Regungen unseres eigenen Wesens, ungeschützt gegenüber der Welt, so sensibel, daß es kein Bedauern, kein Verwunden, keine selbstauferlegte Disziplin mehr gibt, dann leben wir in einem Zustand unermeßlichen Seins.

Wir verlieren all diese Verletzlichkeit in dieser Welt von Lärm, Brutalität, Gewöhnlichkeit und der Betriebsamkeit des täglichen Lebens. Wenn die Sinne geschärft sind, nicht ein besonderer Sinn, sondern alle Sinne völlig wach sind, was nicht unbedingt heißt zu schwelgen, – wenn wir sensibel sind für alle Regungen des Denkens, des Fühlens, des Schmerzes, der Einsamkeit, der Angst –, mit diesen völlig erwachten Sinnen, existiert eine andere Art der Wahrnehmung, die über alle sensoriellen oder sinnlichen Reaktionen hinausgeht. Hast Du jemals das Meer oder die riesigen Berge, die Himalayas, die sich von Horizont zu Horizont erstrecken, hast Du jemals eine Blume mit allen Deinen Sinnen betrachtet? Wenn eine solche Beobachtung stattfindet, dann gibt es keinen Mittelpunkt, von dem aus Du beobachtest, es gibt kein „Ich". Das „Ich", die begrenzte Beobachtung von ein oder zwei Sinnen, bringt egoistische Regungen hervor. Wir leben schließlich durch die Sinne, durch die sinnliche Wahrnehmung, nur dann, wenn das Denken sich ein Bild aus den sinnlichen Wahrnehmungen erschafft, entstehen all die Komplikationen des Verlangens.

An diesem Morgen schaust Du hinunter ins Tal, siehst die weite Fläche des Grün und die ferne Stadt, spürst die reine Luft, beobachtest all die krabbelnden Wesen der Erde, beobachtest ohne Beeinträchtigung durch Bilder, die sich das Denken erschaffen hat. Nun weht ein leichter Wind vom Tal den Canyon herauf, und bei der Biegung des Pfades kehrst Du um. Wie Du heruntergehst, steht da ein Rotluchs direkt vor Dir, etwa drei Meter entfernt. Du kannst sein Schnurren hören, er reibt sich an einem Felsen, Haare stehen aus seinen Ohren, sein kurzer Schwanz und seine überaus anmutigen Bewegungen. Es ist auch für ihn ein Frühlingsmorgen. Wir gingen zusammen den Pfad hinunter, und er machte kaum ein Geräusch bis auf sein Schnurren, äußerst vergnügt, freute sich, draußen im Frühlingssonnenschein zu sein; er war so sauber, daß sein Fell schimmerte. Und wie Du ihn betrachtest, ist die ganze wilde Natur in diesem Tier. Du trittst auf einen dünnen Ast und machst ein Geräusch, und er ist fort, sieht sich nicht einmal um; das Geräusch verriet den Menschen, das gefährlichste aller Tiere. In Sekundenschnelle ist er zwischen den Büschen und Felsen verschwunden, und alle Freude hat ihn verlassen. Er weiß, wie grausam der Mensch ist, und er will nicht warten, er will fort sein, so weit wie möglich fort.

Es ist ein Frühlingsmorgen, und er ist friedlich. Als er merkte, daß ein Mensch hinter ihm ging, nur ein paar Meter entfernt, muß dieser Luchs instinktiv auf sein Bild vom Menschen reagiert haben – vom Menschen, der so vieles getötet, so viele Städte zerstört, eine Kultur nach der anderen zerstört hat, immer seinem Verlangen folgend, immer auf der Suche nach Sicherheit und Genuß irgendwelcher Art.

Verlangen, das die treibende Kraft im Menschen war, hat eine große Anzahl angenehmer und nützlicher Dinge hervorgebracht; das Verlangen hat aber auch in den menschlichen Beziehungen eine Menge Probleme, Unruhe und Elend verursacht – das Verlangen nach Genuß. Die Mönche und Sannyasis der Welt haben versucht, es zu überwinden, haben sich gezwungen, ein Ideal, eine Idee, ein Symbol zu verehren. Doch das Verlangen ist immer da, wie eine Flamme, brennend. Und die Absicht, in das Wesen des Verlangens einzudringen, die Komplexität des Verlangens, seine Aktivitäten, seine Forderungen, seine Erfüllungen zu entdecken, – mehr und mehr Verlangen nach Macht, Position, Prestige, Status, das Verlangen nach dem Unnennbaren, nach dem, was jenseits unserer Alltäglichkeit liegt –, hat die Menschen dazu getrieben, alle erdenklich häßlichen und brutalen Taten zu begehen. Verlangen ist die Folge von Sinneswahrnehmungen – ihre Folge mit all den Vorstellungen, die das Denken aufgebaut hat. Dieses Verlangen bringt nicht nur Unzufriedenheit hervor, sondern auch ein Gefühl der Hoffnungslosigkeit. Unterdrücke es nie, diszipliniere es nicht, sondern dringe in sein Wesen ein – was ist sein Ursprung, seine Absicht, wie ist seine komplexe Beschaffenheit? Tief in es einzudringen, ist nicht ein weiteres Verlangen, denn es geschieht ohne Motiv; es ist wie das Verstehen der Schönheit einer Blume, sich neben sie zu setzen und sie zu betrachten. Und indem Du sie betrachtest, beginnt sie sich zu offenbaren, wie sie wirklich ist – die außerordentlich zarte Farbe, der Duft, die Blütenblätter, der Stengel und die Erde, aus der sie gewachsen ist. Genauso betrachte das Verlangen und sein Wesen, frei von Gedanken, die immer die Wahrnehmung formten, Freude und Schmerz, Belohnung und Strafe. Dann versteht man, nicht verbal, nicht intellektuell, die ganze Ursache des Verlangens, die Wurzel des Verlangens. Eben diese Wahrnehmung, diese feine Wahrnehmung, ist Intelligenz an sich. Diese Intelligenz wird im Umgang mit dem Verlangen immer vernünftig und rational handeln.

Und ohne viel zu reden an diesem Morgen, ohne viel zu denken, völlig umhüllt von diesem Frühlingsmorgen, mit ihm zu leben, in ihm zu gehen, ist eine Freude, die unermeßlich ist. Sie kann sich nicht wiederholen. Sie wird so lange da sein, bis jemand an die Tür klopft.

Dienstag, 26. April 1983

Man sah einen Vogel sterben, erschossen von einem Mann. Er flog mit rhythmischem Flügelschlag, schön, in solcher Freiheit und Furchtlosigkeit. Und das Gewehr zerschmetterte ihn; er fiel zur Erde, und alles Leben war aus ihm entwichen. Ein Hund holte ihn, und der Mann sammelte noch weitere tote Vögel. Er plauderte mit seinem Freund und schien so völlig gleichgültig. Alles was ihn interessierte war, viele Vögel herunterzuholen, und damit war es getan, soweit es ihn betraf. Sie töten überall auf der Welt. Diese herrlichen großen Tiere des Meeres, die Wale, werden millionenfach getötet, und der Tiger und viele andere Tiere werden nun zu gefährdeten Spezies. Der Mensch ist das einzige Tier, das gefürchtet werden muß.

Vor einiger Zeit, beim Besuch eines Freundes hoch oben in den Bergen, kam ein Mann und erzählte dem Gastgeber, daß in der vergangenen Nacht ein Tiger eine Kuh getötet habe, und ob wir am Abend den Tiger sehen wollten? Er könne das arrangieren, indem er ein Podest in einem Baum errichtete, und er würde eine Ziege anbinden, das Blöken der Ziege, des kleinen Tieres, würde den Tiger herbeilokken, und wir könnten ihn sehen. Wir beide weigerten uns, unsere Neugier auf so grausame Weise zu befriedigen. Doch später am Tag schlug der Gastgeber vor, mit dem Auto in den Wald zu fahren, um dort vielleicht den Tiger sehen zu können. Gegen Abend stiegen wir also in ein offenes Auto, und ein Chauffeur fuhr uns mehrere Meilen tief in den Wald hinein. Natürlich sahen wir nichts. Es wurde ziemlich dunkel, und die Scheinwerfer waren an, und als wir umdrehten, da saß er mitten auf dem Weg und erwartete uns. Es war ein sehr großes Tier, schön gezeichnet, und seine Augen im Scheinwerferlicht waren hell und schillernd. Er kam knurrend auf das Auto zu, und als er nur ein paar Zentimeter an der ausgestreckten Hand vorbeiging, sagte der Gastgeber: „Berühre ihn nicht, er ist zu gefährlich. Schnell! Er ist schneller als Deine Hand.“ Aber Du konntest die Energie dieses Tieres spüren, seine Vitalität; er war ein großer Dynamo von Energie. Und als er vorbeiging, fühlte man sich außerordentlich zu ihm hingezogen. Und er verschwand im Wald.*

Der Freund hatte offenbar schon viele Tiger gesehen, und vor langer Zeit, in seiner Jugend, hatte er geholfen, einen zu töten, und diese schreckliche Tat hat er immer bereut. Grausamkeit in jeglicher Form verbreitet sich nun über die Welt. Der Mensch war wahrscheinlich niemals so grausam wie heute, so gewalttätig. Die Kirchen und die Priester der Welt haben über Frieden auf Erden gesprochen; von der höchsten christlichen Hierarchie bis zum armen Dorfpriester sprachen alle davon, ein gutes Leben zu führen, kein Lebewesen zu verletzen und zu töten; besonders die Buddhisten und Hindus früherer Zeiten haben gesagt: „Töte die Fliege nicht, töte nichts, denn im nächsten Leben wirst Du dafür bezahlen.“ Das war sehr grob gesagt, doch einige unter ihnen haben sich diesen Geist bewahrt, diesen Vorsatz, ein anderes menschliches Wesen weder zu töten noch zu verletzen. Doch das Töten durch

---

* Krishnamurti bescheibt diese Begegnung mit dem Tiger ausführlicher in seinem „Journal“, Seite 40

Kriege geht immer weiter. Der Hund tötet das Kaninchen so schnell. Oder der Mensch erschießt einen anderen mit seinen wunderbaren Maschinen, und er selbst wird vielleicht von einem anderen erschossen. Und dieses Töten ist seit Tausenden und Abertausenden von Jahren im Gange. Einige betreiben es als Sport, andere töten aus Haß, Zorn, Eifersucht, und der organisierte Mord der verschiedenen Nationen mit ihren Waffen geht weiter. Man fragt sich, ob der Mensch jemals friedlich auf dieser schönen Erde leben, niemals ein kleines Wesen töten oder selbst getötet werden oder einen anderen töten wird, sondern friedlich leben wird mit etwas Göttlichem und Liebe im Herzen.

In diesem Teil der Welt, den wir den Westen nennen, haben die Christen vielleicht mehr als alle anderen getötet. Sie sprechen immer vom Frieden auf Erden. Doch um Frieden zu haben, muß man friedlich leben, und das scheint völlig unmöglich zu sein. Es gibt Argumente für und gegen den Krieg, Argumente, daß der Mensch immer ein Totschläger war und es immer bleiben wird, und andere, die behaupten, daß er sich innerlich ändern kann und nicht mehr töten wird. Das ist eine ganz alte Geschichte. Das endlose Gemetzel ist eine Gewohnheit geworden, ein akzeptiertes Ritual, trotz aller Religionen.

Unlängst beobachtete man einen Rotschwanzfalken, hoch am Himmel, mühelos kreisend, ohne einen Flügelschlag, nur aus Spaß am Fliegen, nur um sich von den Luftströmungen tragen zu lassen. Dann gesellte sich ihm ein anderer zu, und sie flogen eine ganze Weile zusammen. Es waren herrliche Geschöpfe am blauen Himmel, und ihnen in irgendeiner Weise wehzutun, ist ein Verbrechen gegen den Himmel. Natürlich gibt es keinen Himmel, der Mensch hat den Himmel erfunden, um Hoffnung zu haben, denn sein Leben ist eine Hölle geworden, ein endloser Konflikt von der Geburt bis zum Tod, ein Kommen und Gehen, Geld verdienen, endlose Arbeit. Dieses Leben ist so aufreibend geworden, eine Mühsal endlosen Strebens. Man fragt sich, ob die Menschheit, der Mensch, jemals friedlich auf dieser Erde leben wird. Konflikt ist seine Lebensweise geworden – innerhalb und außerhalb der eigenen Haut, im Bereich der Psyche und in der Gesellschaft, die von dieser Psyche geschaffen wurde.

Wahrscheinlich ist die Liebe völlig aus dieser Zeit verschwunden. Zur Liebe gehören Großzügigkeit, Fürsorge, anderen nicht wehzutun, im anderen kein Schuldgefühl zu erwecken, großmütig, höflich zu sein und sich so zu verhalten, daß Deine Worte und Gedanken von Mit-Gefühl bestimmt sind. Natürlich kannst Du kein Mit-Gefühl haben, wenn Du organisierten religiösen Institutionen angehörst, die groß, mächtig, traditionell, dogmatisch sind und Glauben fordern. Um zu lieben, muß man Freiheit haben. Diese Liebe ist nicht das Gegenteil von Eifersucht, Haß und Zorn.

Das alles mag ziemlich utopisch klingen, idealistisch, wie etwas, nach dem der Mensch nur streben kann. Doch wenn Du das glaubst, dann wirst Du fortfahren zu töten. Liebe ist so wirklich, so stark wie der Tod. Sie hat nichts zu tun mit Einbildung oder Gefühl oder Romantik; und natürlich hat sie nichts zu tun mit Macht, Stellung, Prestige. Sie ist so still wie die Wasser des Meeres und so gewaltig wie das Meer; sie ist wie ein fließendes Wasser eines mächtigen Flusses, der endlos strömt, ohne Anfang und Ende. Doch der Mensch, der die Seehundbabies tötet oder die großen Wale, ist um seinen Lebensunterhalt besorgt. Er würde sagen: „Ich lebe davon, das ist mein Gewerbe.“ Er ist völlig uninteressiert an dem, was wir Liebe nennen. Er liebt wahrscheinlich seine Familie – oder er glaubt, seine Familie zu lieben –, und es ist ihm ziemlich gleichgültig, auf welche Weise er seinen Lebensunterhalt verdient. Vielleicht ist dies einer der Gründe, weshalb der Mensch ein fragmentarisches Leben lebt; er scheint nie das zu lieben, was er tut – mit Ausnahme vielleicht einiger weniger Menschen. Wenn man von der Arbeit lebte, die man liebt, wäre das etwas ganz anderes – man würde die Ganzheit des Lebens verstehen. Wir haben das Leben in Fragmente zerbrochen: die Geschäftswelt, die Welt der Kunst, die Welt der Wirtschaft, die politische Welt und die religiöse Welt. Wir denken wohl, daß sie alle getrennt voneinander sind und getrennt bleiben sollten. So werden wir zu Heuchlern, begehen Häßliches, Korruptes in der Geschäftswelt und kommen nach Hause und leben friedlich mit unserer Familie; das führt zur Heuchelei, einer doppelten Moral des Lebens.

Es ist wirklich eine herrliche Erde. Der Vogel, der auf dem höchsten Baum sitzt, sitzt dort jeden Morgen, schaut auf die Welt herab, späht aus nach einem größeren Vogel, einem Vogel, der ihn töten könnte, beobachtet die Wolken, den vorüberziehenden Schatten und die weite Fläche dieser reichen Erde, diese Flüsse, Wälder und die Menschen, die vom Morgen bis zum Abend arbeiten. Wenn man überhaupt nachdenkt, muß man innerlich voller Trauer sein.

Man fragt sich auch, ob die Menschheit sich jemals ändern wird, oder nur die wenigen, die ganz, ganz wenigen. Was ist dann die Beziehung dieser wenigen zu den vielen? Oder was ist die Beziehung der vielen zu den wenigen? Die vielen haben keine Beziehung zu den wenigen. Aber die wenigen haben eine Beziehung.

Auf dem Felsen sitzend und ins Tal herabschauend und mit einer Eidechse neben Dir, wagst Du Dich nicht zu rühren, damit die Eidechse nicht gestört wird oder erschrickt. Und auch die Eidechse beobachtet. Und so geht die Welt ihren Gang: erfindet Götter, folgt der Hierarchie von Gottes Stellvertretern; und all der Schwindel und die Schande der Illusionen wird wohl weitergehen, die tausend Probleme werden immer komplexer und verwickelter. Nur die Intelligenz der Liebe und des Mit-Gefühls kann die Probleme des Lebens lösen. Diese Intelligenz ist das einzige Instrument, das niemals stumpf und nutzlos werden kann.

Mittwoch, 4. Mai 1983*

Es ist ein nebliger Morgen, Du kannst kaum die Orangenbäume sehen, die etwa drei Meter entfernt sind. Es ist kalt, und all die Hügel und Berge sind verborgen, und Tau liegt auf den Blättern. Es wird später aufklaren. Es ist noch früh am Morgen, und die schöne kalifornische Sonne und kühle Brise werden etwas später kommen.

Man fragt sich, warum die Menschen immer so grausam waren, so häßlich in ihren Reaktionen auf jede Äußerung, die ihnen nicht zusagt, so aggressiv und angriffsbereit. Dies geht schon seit Jahrtausenden. Heutzutage trifft man kaum jemals einen gütigen Menschen, der bereit ist nachzugeben, der vollkommen großzügig und glücklich in seinen Beziehungen ist.

Letzte Nacht hörte man den Ruf der Eule, es war ein Virginischer Uhu, der sehr groß sein muß. Er wartete auf die Antwort seines Gefährten, und der Gefährte antwortete aus der Ferne. Der Ruf entfernte sich ins Tal hinab, man konnte ihm kaum noch hören. Es war eine so vollkommen stille Nacht, dunkel und seltsam ruhig.

Alles scheint in einer Ordnung zu leben, jedes in seiner eigenen Ordnung – das Meer mit seinen Gezeiten, der Neumond und der Untergang des Vollmondes, der liebliche Frühling und die Wärme des Sommers. Selbst das Erdbeben von gestern hat seine eigene Ordnung von Leben und Tod und so weiter. Nur der Mensch scheint in solcher

* Vom 26. April bis 1. Mai war Krishnamurti in San Francisco und hielt zwei Reden in der Masonic Hall und gab ein Rundfunk-Interview.

Unordnung und Verwirrung zu leben. Er hat so gelebt, seit dem Anfang aller Zeit.

Wenn man hier im Gespräch mit dem Besucher auf der Veranda sitzt, mit der roten Kletterrose und einer jungen Glyzinie und dem Geruch der Erde und der Bäume, da ist es eigentlich ein Jammer, über Unordnung zu diskutieren. Wenn man auf die dunklen Hügel ringsumher und den felsigen Berg schaut und das Flüstern eines Baches hört, der im Sommer bald trocken sein wird, dann hat alles solch merkwürdige Ordnung, daß es äußerst unangebracht erscheint, über menschliche Unordnung, menschliche Verwirrung und Leiden zu sprechen. Doch da ist er, freundlich, kenntnisreich und offenbar mit einem Hang zum Nachdenken.

Die Spottdrossel sitzt auf der Telefonleitung, sie tut, was sie gewöhnlich tut – fliegt in die Luft, kreist, landet auf dem Draht und verspottet die Welt. Sie tut das so oft, und die Welt macht sich anscheinend nichts daraus. Doch der Vogel spottet weiter.

Der Nebel weicht, der Frühlingssonnenschein ist da, und die Eidechse kommt heraus, wärmt sich auf dem Felsen, und das kleine Erdgetier tummelt sich umher. Sie haben ihre Ordnung, sie haben ihre Freude, ihr Vergnügen. Sie alle scheinen so glücklich zu sein, genießen die Sonne, kein Mensch ist da, um sie zu verletzen, ihren Tag zu verderben.

„Darf ich Sie fragen“, begann der Besucher, „was ist für Sie das wichtigste im Leben? Was ist für Sie die wesentliche Eigenschaft, die der Mensch kultivieren muß?“

„Wenn Sie etwas kultivieren, so wie Sie die Felder auf der Erde kultivieren, dann ist es nicht das Wesentliche. Es muß ganz natürlich geschehen – was auch immer geschieht –, natürlich, mühelos, ganz ohne ichbezogene Motive. Das wichtigste für jeden Menschen ist zweifellos, in Ordnung zu leben, in Harmonie mit allen Dingen um ihn her – selbst mit dem Lärm der großen Städte, selbst mit etwas, das häßlich, vulgär ist, ohne zuzulassen, daß dies den Gang des Lebens beeinflußt oder verändert, und die Ordnung, in der er lebt, ändert und verzerrt. Ordnung, Sir, ist sicher das wichtigste im Leben oder zumindest eines der wichtigsten Dinge."

„Warum", fragte er, „sollte das Gehirn in einem Zustand der Ordnung sein, um richtig, freudig und präzise handeln zu können?"

„Ordnung wird nicht vom Denken geschaffen. Ordnung ist nicht etwas, dem Sie Tag für Tag folgen, das sie üben, dem Sie sich fügen. So wie die Flüsse sich mit dem Meer vereinen, so ist der Strom der Ordnung, der Fluß der Ordnung, endlos. Doch diese Ordnung kann nicht bestehen, solange es irgendwelche Bemühung, irgendwelches Streben gibt, oder indem man die Unordnung aufgibt und in eine Routine, in verschiedene, genau festgelegte Gewohnheiten verfällt. Das alles ist nicht Ordnung. Konflikt ist die eigentliche Quelle der Unordnung, ihre eigentliche Ursache."

„Alles kämpft, nicht wahr? Diese Bäume, sie haben um ihr Dasein gekämpft, gekämpft, um zu wachsen. Diese herrliche Eiche hinter dem Haus, sie hat Stürmen standgehalten, Jahren von

Regen und heißer Sonne, sie hat um ihr Dasein gekämpft. Leben ist Konflikt, es ist ein Aufruhr, ein Sturm. Und Sie sagen, nicht wahr, daß Ordnung ein Zustand ist, in dem kein Konflikt herrscht? Das scheint fast unmöglich, wie das Sprechen in einer sonderbaren Sprache, etwas dem eigenen Leben, dem eigenen Denken zutiefst Fremdes. Leben Sie, wenn Sie mir die Frage erlauben, in dieser Ordnung, in der nicht der geringste Konflikt existiert?"

„Ist es so wichtig, Sir, zu erfahren, ob ein anderer ohne Bemühung, ohne Konflikt lebt? Oder würden Sie nicht lieber fragen, ob Sie für sich selbst, als ein Mensch, der in Unordnung lebt, die vielen Ursachen – oder vielleicht gibt es nur eine Ursache – für diese Unordnung herausfinden können? Diese Blumen kennen weder Ordnung noch Unordnung, sie sind einfach da. Natürlich, wenn Sie nicht gegossen, gehegt würden, würden sie sterben, und Sterben gehört auch zu ihrer Ordnung. Die helle, heiße Sonne wird sie im nächsten Monat zerstören, und für sie ist das Ordnung."

Die Eidechse hat sich auf dem Felsen gewärmt und wartet nun, daß die Fliegen kommen. Und sie werden natürlich kommen; und die Eidechse mit ihrer flinken Zunge wird sie verschlucken. Das scheint das Wesen der Welt zu sein: Die großen Dinge leben von den kleinen Dingen, und die größeren leben von den großen. Das ist der Kreislauf in der Welt der Natur. Und darin ist weder Ordnung noch Unordnung. Aber wir kennen in uns selbst von Zeit zu Zeit das Gefühl völliger Harmonie und auch den Schmerz, die Angst, das Leid, den Konflikt. Die Ursache der Unordnung ist das ewige „Werden“ – etwas werden, Identität suchen, der Kampf, zu sein. Solange das Gehirn, das so stark konditioniert ist, mißt, das „Mehr“, das „Besser“, sich psychisch von diesem zu jenem bewegt, muß das unvermeidlich ein Gefühl von Konflikt hervorrufen, und das ist Unordnung. Nicht nur die Worte „mehr“, „besser“, sondern das Gefühl, die Reaktion des „Erreichens“, „Gewinnens“ – solange diese Trennung, Dualität besteht, muß Konflikt sein. Und aus Konflikt entsteht Unordnung.

Vielleicht ist man sich all dessen bewußt, doch wenn man diesem Bewußtsein gegenüber gleichgültig ist, dann macht man so weiter wie bisher, Tag für Tag, alle Tage unseres Lebens. Diese Dualität besteht nicht nur verbal, sondern ist die tiefere Trennung in den Denker und den Gedanken, den Denker, der von sich selbst getrennt ist. Der Denker ist vom Gedanken geschaffen, der Denker ist die Vergangenheit, der Denker ist Wissen, und der Gedanke ist auch aus dem Wissen geboren. In Wirklichkeit gibt es keine Trennung zwischen dem Denker und dem Gedanken, sie sind eine untrennbare Einheit; doch das Denken spielt sich selbst einen schlauen Streich, es teilt sich selbst. Vielleicht ist diese ständige Spaltung seiner selbst, seine eigene Fragmentierung, die Ursache der Unordnung. Rein diese Wahrheit zu sehen, zu erkennen, daß der Wahrnehmende das Wahrgenommene ist, beendet die Unordnung.

Die Spottdrossel ist fort, und die Trauertaube ist da mit ihrem klagenden Ruf. Und bald wird ihr Gefährte zu ihr kommen. Sie sitzen miteinander auf dem Draht, still, bewegungslos, doch ihre Augen bewegen sich, schauen, spähen aus nach Gefahr. Der Rotschwanzhabicht und die Raubvögel, die vor ein paar Stunden noch da waren, sind fort. Vielleicht kommen sie morgen wieder. Und so endet der Morgen, und die Sonne ist nun strahlend hell und tausend Schatten sind da. Die Erde ist still, und der Mensch ist verloren und verwirrt.

Freitag, 6. Mai 1983

Es war ein freundlicher Morgen, wolkig, ein leichtes Frösteln in der Luft, und die Berge waren verhangen und still. Ein Duft von Orangenblüten, nicht sehr stark, aber er war spürbar. Es ist ein eigenartiger, durchdringender Geruch, und er drang ins Zimmer. Und alle Blumen warteten an diesem Morgen, daß die Sonne herauskam. Die Wolken würden bald weichen, und später würde heller Sonnenschein sein.

Das Auto fuhr durch das kleine Städtchen, an vielen kleinen Ortschaften vorbei, an Ölbohrtürmen, Öltanks mit all der Betriebsamkeit in den Ölfeldern, und schließlich gelangtest Du ans Meer. Du kamst wieder durch eine größere Stadt, nicht zu groß, vorbei an mehreren Orangen- und Zitronenanlagen und dann zu Erdbeerbeeten oder kleinen Kohlfeldern, nicht etwa vereinzelt, sondern ganze, sich meilenweit erstreckende Äcker – Erdbeeren, Sellerie, Spinat, Salat und anderes Gemüse –, Meilen flacher, reicher Erde zwischen den Hügeln und dem Meer. Hier ist alles groß angelegt, fast allzu extravagant – Meilen von Zitronen und Orangen, Walnüssen und so weiter. Es ist ein reiches, schönes Land. Und die Berge waren so freundlich an diesem Morgen.

Schließlich kamst Du zum blauen Pazifik. Er war wie ein Teich an diesem Morgen, so ruhig, so ungewöhnlich still, und das Morgenlicht war über ihm. Man sollte wirklich über dieses Licht meditieren, nicht direkt über die Sonne, sondern über ihren Widerschein auf dem glitzernden Wasser. Doch das Meer ist nicht immer so; vor ein, zwei Monaten tobte es wütend, zerschlug den Pier, zerstörte Häuser an der Küste, brachte Zerstörung sogar bis zu der hochgelegenen Straße, die an ihr entlang verläuft. Nun reparieren sie den zerschmetterten Pier mit dem in großen Mengen ans Ufer gespülten Holz. Heute aber konnte man es streicheln wie ein gezähmtes Tier, konnte die Tiefe und Weite und Schönheit dieses großen, so blauen Meeres fühlen. Nahe bei der Küste war es nilgrün. Es war wunderschön, in der salzigen Luft die Straße am Meer entlang zu fahren, nur die Berge zu sehen, das wogende Gras und die Weite der Wasserfläche.

Das alles verschwand in der riesigen, häßlichen Stadt, einer Stadt, die sich über Meilen und Meilen und Meilen ausgebreitet hat. Es war keine besonders angenehme Stadt, doch es lebten Menchen dort, denen sie zu gefallen schien.

Ich weiß nicht, ob Du jemals am Strand gesessen und das Meer beobachtet hast, das Kommen und Gehen der Wellen. Die siebente Welle scheint am größten zu sein, rollt donnernd auf das Land zu. Es gibt nur eine sehr schwache Flut am Pazifik – zumindest hier, anders als die Fluten, die sich viele Meilen zurückziehen und dann so rasch wiederkommen. Hier ist immer etwas Ebbe und Flut, die kommt und geht, in jahrhundertelanger Wiederholung. Wenn Du auf das Meer schauen kannst, auf das Funkeln des blendenden Lichtes und das klare Wasser, mit all Deinen zum äußersten erwachten Sinnen – in dieser Beobachtung ist es nicht der Mittelpunkt, nämlich Du, der beobachtet. Es ist wunderbar, das Meer zu beobachten und den Sand, sauber und täglich gewaschen. Keine Fußspur kann hier bleiben, selbst die kleinen Vögel des Meeres hinterlassen keine Spur. Das Meer wäscht sie hinweg.

Die Häuser an der Küste sind klein, adrett; hier wohnen wahrscheinlich sehr reiche Leute. Doch das alles bedeutet nichts – ihr Reichtum, ihre Gewöhnlichkeit, ihre schicken Autos. Man sah einen sehr alten Mercedes mit Auspuffrohren außen an der Haube – drei an jeder Seite. Die Besitzer waren wohl sehr stolz auf ihn, sie hatten ihn poliert, gewaschen, ihn sorgfältig gepflegt. Wahrscheinlich hatten sie diese Maschine statt vieler anderer Dinge gekauft. Man konnte noch immer viele Meilen damit fahren; sie war gut und dauerhaft gebaut.

So am Ufer zu sitzen und die Vögel, den Himmel zu betrachten und das entfernte Geräusch vorbeifahrender Autos zu hören – es war ein besonders schöner Morgen. Du gingst hinaus mit der Ebbe und kamst zurück mit der Flut. Du gingst weit hinaus und kamst wieder – diese endlose Bewegung, herein – hinaus, hinaus – herein. Du konntest bis zum Horizont sehen, wo der Himmel das Wasser berührt. Es war eine große Bucht mit blau-weißem Wasser, umsäumt von winzig kleinen Häusern. Und hinter Dir reihten sich die Ketten der Berge. Beobachtend, ohne einen einzigen Gedanken, beobachtend, ohne eine Reaktion, beobachtend ohne Identität, nur endlos beobachtend, bist Du nicht wirklich wach, bist Du geistesabwesend, nicht ganz da; Du bist nicht Du, sondern Beobachtung. Beim Beobachten der Gedanken, die aufkommen und entschwinden, einer nach dem anderen, wird das Denken seiner selbst gewahr. Es gibt keinen Denker, der das Denken beobachtet, der Denker ist das Denken.

Wenn man so am Strand sitzt und die Menschen beobachtet, die vorübergehen, zwei oder drei Paare und eine einzelne Frau, scheint es, daß die Natur, alles um Dich her, von dem tiefblauen Meer bis zu den hohen felsigen Bergen, ebenfalls beobachtet. Wir beobachten, warten nicht, erwarten nicht, daß etwas geschieht, sondern beobachten ohne Ziel. In diesem Beobachten ist Lernen, nicht die Anhäufung von Wissen durch fast mechanisches Lernen, sondern genaues Beobachten, niemals oberflächlich, sondern tief, mit Behendigkeit und Behutsamkeit, denn da ist niemand, der beobachtet. Wenn ein Beobachter da ist, dann ist es nur die Vergangenheit, die beobachtet, und das ist kein Beobachten, das ist nur ein Erinnern, und das ist ziemlich totes Zeug. Beobachten ist etwas außerordentlich Lebendiges, jeder Moment ist frei. Diese kleinen Krebse und diese Möwen und all die vorüberfliegenden Vögel beobachten. Sie schauen nach Beute aus, nach Fischen, halten Ausschau nach Nahrung; auch sie beobachten. Jemand geht dicht an Dir vorbei und fragt sich, was Du wohl beobachtest. Du beobachtest nichts, und in diesem Nichts ist alles.

Vor ein paar Tagen kam ein Mann, der viel gereist war, viel gesehen und gelegentlich etwas geschrieben hatte – ein älterer Mann mit einem gepflegten Bart, er war ordentlich gekleidet, ohne diese vulgäre Schlampigkeit. Er pflegte seine Schuhe, seine Kleidung. Er sprach ausgezeichnet Englisch, obwohl er Ausländer war. Und er erzählte dem Mann, der beobachtend am Strand gesessen hatte, daß er mit vielen Menschen gesprochen habe, mit Professoren und Gelehrten diskutiert, und als er in Indien war, habe er mit verschiedenen Pandits gesprochen. Und die meisten von ihnen, so schien es ihm, interessierten sich nicht für die Gesellschaft, engagierten sich nicht für eine soziale Reform, waren von der gegenwärtigen Kriegsgefahr nicht berührt. Er war zutiefst besorgt um die Gesellschaft, in der wir leben, obwohl er kein Sozialreformer war. Er war nicht ganz sicher, ob die Gesellschaft verändert werden könnte, ob da etwas zu machen sei. Doch er sah sie, wie sie war: die große Korruption, die Absurdität der Politiker, die Kleinlichkeit, Eitelkeit und Brutalität, die in der Welt um sich greifen.

Er sagte: „Was können wir für diese Gesellschaft tun? Nicht unbedeutende kleine Reformen hier und da, einen Präsidenten gegen einen anderen austauschen, oder einen Premierminister gegen den anderen. Sie sind alle mehr oder minder vom selben Schlag. Sie können nicht viel tun, denn sie repräsentieren das Mittelmäßige oder sogar weniger als das, das Gemeine; sie wollen Eindruck machen, sie werden nie etwas bewirken. Sie werden hier und da lächerliche kleine Reformen zustandebringen, doch die Gesellschaft wird trotzdem so weitermachen." Er hatte sich die verschiedenen Gesellschaften und Kulturen angeschaut. Sie sind im Grunde gar nicht so verschieden. Er machte den Eindruck eines sehr ernsten Mannes mit einem freundlichen Gesichtsausdruck, und er sprach über die Schönheit dieses Landes, seine Weite und Vielfalt, von den heißen Wüsten bis zu den hohen Rockys in ihrer Großartigkeit. Man hörte ihm zu, so wie man dem Meer lauschen und zusehen würde.

Die Gesellschaft kann nicht verändert werden, solange der Mensch sich nicht ändert. Die Menschheit, Du und die anderen, haben in Generationen über Generationen diese Gesellschaften geschaffen. Wir haben alle diese Gesellschaften aus unserer Kleinlichkeit und Enge, unserer Begrenztheit, aus unserer Habgier, aus Neid, Brutalität, Gewalttätigkeit, Rivalität und so weiter geschaffen. Wir sind verantwortlich für die Mittelmäßigkeit, die Dummheit, das Vulgäre, für all den Stammes-Unsinn und das religiöse Sektierertum. Solange nicht jeder von uns sich radikal ändert, wird sich die Gesellschaft niemals ändern. Sie ist da, wir haben sie geschaffen, und dann schafft sie uns. Sie formt uns, wie wir sie geformt haben. Sie steckt uns in eine Form, und diese Form fügt sie in ein System, das ist die Gesellschaft.

Dieser Vorgang geht endlos so weiter, wie das Meer mit einer Flut, die weit hinausgeht und dann hereinkommt, manchmal sehr, sehr langsam, ein andermal schnell, gefährlich. Herein, hinaus; Aktion, Reaktion, Aktion. Das ist wohl das Wesen dieser Bewegung, es sei denn, es gibt Ordnung zutiefst in uns selbst. Eben diese Ordnung bringt Ordnung in der Gesellschaft zustande, nicht durch Gesetzgebung, Regierungen und all diese Dinge – denn solange Unordnung, Verwirrung herrscht, wird das Gesetz, die Autorität, die durch unsere Unordnung geschaffen wurde, weiterbestehen. Das Gesetz ist von Menschen geschaffen, wie auch die Gesellschaft – das Produkt des Menschen ist das Gesetz.

So schafft das Innere, die Psyche, ihrer Begrenztheit entsprechend das Äußere; und das Äußere kontrolliert und formt dann das Innere. Die Kommunisten haben geglaubt – und glauben wahrscheinlich noch immer, daß sie durch

Kontrolle des Äußeren, durch gewisse Gesetze, Regelungen, Institutionen, bestimmte Formen von Tyrannei, den Menschen verändern könnten. Doch bisher ist ihnen dies nicht gelungen und wird ihnen niemals gelingen. Um dasselbe bemühen sich die Sozialisten. Die Kapitalisten tun es auf andere Weise, aber es ist dasselbe. Das Innere überwindet immer das Äußere, denn das Innere ist weitaus stärker, weitaus vitaler als das Äußere.

Kann diese Bewegung jemals enden? Das Innere erschafft psychisch die äußere Umwelt, und das Äußere, das Gesetz, die Institutionen, die Organisationen versuchen den Menschen, sein Gehirn, so zu formen, daß er in einer bestimmten Weise handelt; und dann verändert, überlistet das Gehirn, das Innere, die Psyche das Äußere. Diese Bewegung vollzieht sich, seit Menschen auf der Welt sind, primitiv, oberflächlich, manchmal auch geistreich – aber immer überwältigt das Innere das Äußere, so wie das Meer mit seinen Fluten hinausgeht und hereinkommt. Man sollte wirklich fragen, ob diese Bewegung jemals enden kann – Aktion und Reaktion, Haß und noch mehr Haß, Gewalt und noch mehr Gewalt. Sie hat ein Ende, wenn es nur noch Beobachtung gibt, ohne Motiv, ohne Reaktion, ohne eine Richtung. Eine Richtung stellt sich ein, wenn sich etwas ansammelt. Doch Beobachten, mit Aufmerksamkeit, Gewahrsein und einem tiefen Mit-Gefühl, hat eine eigene Intelligenz. Dieses Beobachten und diese Intelligenz handeln. Und dieses Handeln ist nicht Ebbe und Flut. Doch es erfordert große Wachheit, Dinge ohne das Wort zu sehen, ohne den Namen, ohne jegliche Reaktion; in diesem Beobachten ist eine große Vitalität, Leidenschaft.

Montag, 9. Mai 1983

Du bist schon ziemlich hoch oben, blickst hinunter ins Tal, und wenn Du etwa eine Meile oder mehr höher und höher den gewundenen Pfad hinaufsteigst, umgeben von reicher Vegetation – immergrüner Eichen, Salbei, poison oak –, an einem Bach vorbei, der im Sommer immer trocken ist, dann kannst Du weit in der Ferne das Meer sehen, über all die Bergketten hinweg. Hier oben ist es vollkommen still. Es ist ganz still, kein Lüftchen rührt sich. Du schaust hinab, und die Berge schauen auf Dich herunter. Du kannst noch viele Stunden den Berg hinaufsteigen, hinunter in ein anderes Tal und wieder hinauf. Du hast das schon früher einige Male getan, zweimal hast Du den höchsten Gipfel dieser felsigen Berge erreicht. Weit dahinter, nördlich, erstreckt sich ein flaches Wüstengebiet. Dort unten ist es sehr heiß, hier ist es ziemlich kalt; trotz der heißen Sonne mußt Du Dir etwas überziehen.

Und während Du hinabsteigst und die verschiedenen Bäume, Pflanzen und kleinen Insekten betrachtest, hörst Du plötzlich das Klappern einer Klapperschlange. Und Du machst einen Sprung, glücklicherweise weg von der Schlange. Du bist nur etwa drei Meter von ihr entfernt. Sie klappert immer noch. Ihr seht Euch an und beobachtet einander. Schlangen haben keine Augenlider. Diese war nicht sehr lang, aber ziemlich dick, so dick wie Dein Arm. Du hältst Abstand und betrachtest sie ganz genau, ihr Muster, ihren dreieckigen Kopf und ihre schwarze Zunge, die vor- und zurückschnellt. Ihr beobachtet einander. Sie bewegt sich nicht, und Du bewegst Dich nicht. Aber jetzt, ihren

Kopf und ihren Schwanz Dir zugewandt, gleitet sie zurück, und Du machst einen Schritt vorwärts. Wieder rollt sie sich zusammen und klappert, und ihr beobachtet einander. Und wieder, Kopf und Schwanz Dir zugewandt, beginnt sie zurückzugleiten, und Du gehst vorwärts; und wieder rollt sie sich zusammen und klappert. Dies geht so einige Minuten, etwa zehn Minuten oder mehr, dann wird sie müde. Du siehst, daß sie bewegungslos ist, abwartend, aber als Du Dich näherst, klappert sie nicht. Sie hat im Augenblick keine Energie mehr. Du stehst ganz nahe bei ihr. Diese Schlange richtet sich nicht steil auf wie eine Kobra, um anzugreifen, sie greift an, indem sie vorwärtsstößt. Doch sie war bewegungslos. Sie war zu erschöpft, also läßt Du sie. Es war wirklich ein recht giftiges, gefährliches Wesen. Du könntest sie wahrscheinlich berühren, aber das möchtest Du nicht, obwohl Du keine Angst hast. Du fühlst, daß Du sie lieber nicht berühren möchtest, und läßt sie in Ruhe.

Als Du weiter hinabsteigst, trittst Du fast auf eine Wachtel mit etwa einem Dutzend oder mehr Küken. Sie huschen ins nahe Gebüsch, und die Mutter verschwindet auch in einem Busch und alle rufen einander. Du gehst vorbei und wartest, und wenn Du die Geduld hast zu beobachten, dann siehst Du sie jetzt alle, wie sie sich unter den Flügeln der Mutter versammeln. Es ist kühl dort oben, und sie warten darauf, daß die Sonne die Luft und Erde erwärmt.

Beim Abstieg überquerst Du einen kleinen Bach, gehst an einer Wiese vorbei, deren Grün fast verblaßt ist, und kehrst in Dein Zimmer zurück, ziemlich müde, doch belebt von dem Spaziergang und der Morgensonne. Du siehst die Orangenbäume mit ihren leuchtend gelben Orangen, die Rosensträucher und den Lorbeer und die hohen Eukalyptusbäume. Es ist ganz ruhig im Haus.

Es war ein freundlicher Morgen, voll seltsamer Geschäftigkeit auf der Erde. All die kleinen Lebewesen huschen umher, suchen ihre Morgennahrung – das Eichhörnchen, die Zieselmaus. Sie fressen die zarten Wurzeln von Pflanzen und richten ziemlichen Schaden an. Ein Hund kann sie ganz schnell, mit einem Zuschnappen, töten. Es ist sehr trocken, die Regenzeit ist vorbei und kommt erst in etwa vier Monaten wieder. Das ganze Tal dort unten glitzert noch. Seltsam, diese brütende Stille über der ganzen Erde. Trotz der Stadtgeräusche und des Verkehrs ist hier etwas fast Greifbares, etwas Heiliges. Wenn Du in Harmonie bist mit der Natur, mit allen Lebewesen um Dich her, dann bist Du in Harmonie mit allen menschlichen Wesen. Wenn Du Deine Beziehung zur Natur verloren hast, wirst Du unweigerlich Deine Beziehung zu den Menschen verlieren.

Wie schon öfters zuvor kamen wir gegen Ende des Essens in unserer Tischrunde in ein ernstes Gespräch. Man sprach über die Bedeutung von Wörtern, das Gewicht eines Wortes, den Inhalt eines Wortes, nicht nur die oberflächliche Bedeutung des Wortes, sondern seine Tiefe, sein Wesen, das Gefühl, das es vermittelt. Natürlich ist das Wort niemals der wirkliche Gegenstand. Die Beschreibung, die Erklärung, ist nicht das Beschriebene, nicht das, was damit erklärt wird. Das Wort, die Redewendung, die Erklärung sind nicht das Wirkliche. Das Wort dient zur Vermittlung unseres Gedankens, unseres Gefühls, aber das Wort, selbst wenn es nicht einem anderen mitgeteilt wird, hält in unserem Innern das Gefühl. Das Wirkliche konditioniert das Gehirn nie, Gott jedoch tut es, sei es nun der Gott der Hindus, der Christen oder Moslems. Der Begriff, die Vorstellung konditioniert das Gehirn, nicht das, was tatsächlich geschieht, stattfindet.

Für den Christen hat das Wort „Jesus" oder „Christus" eine große Bedeutung, einen tiefen Sinn, es ruft eine tiefe Empfindung, ein Gefühl hervor. Diese Worte haben für einen Hindu, für einen Buddhisten oder für einen Moslem keine Bedeutung. Diese Worte sind nicht das Wirkliche. Also haben diese Worte, die seit zweitausend Jahren gebraucht werden, das Gehirn konditioniert. Der Hindu hat seine eigenen Götter und seine eigenen Gottheiten. Diese Gottheiten sind, wie die der Christen, Projektionen von Gedanken, aus Angst, aus Vergnügen und so weiter.

Die Sprache scheint das Gehirn wirklich nicht zu konditionieren; sondern was konditioniert, ist die Theorie der Sprache, die Abstraktion eines bestimmten Gefühls und die Abstraktion in Form einer Idee, eines Symbols, einer Person – nicht der wirklichen Person, sondern einer gedachten oder erhofften oder vom Denken projizierten Person. All diese Abstraktionen, Ideen, Schlußfolgerungen, wie überzeugend sie auch sein mögen, konditionieren das Gehirn. Doch das Wirkliche, wie der Tisch, tut das nie. Nehmen wir ein Wort wie „Leiden". Das Wort hat eine andere Bedeutung für den Hindu als für den Christen. Doch Leiden – wie wir es auch immer mit Worten beschreiben, ist uns allen gemeinsam. Leiden ist die Tatsache, das Wirkliche. Doch wenn wir versuchen, dem zu entkommen durch irgendeine Theorie oder durch eine idealisierte Person oder durch ein Symbol, dann prägen diese Formen der Flucht unser Gehirn. Leiden als eine Tatsache tut das nicht, und es ist wichtig, das zu erkennen.

Oder das Wort „Bindung“: das Wort zu sehen, es gleichsam in der Hand zu halten und zu betrachten, seine Tiefe, seinen ganzen Inhalt, seine Konsequenzen und die Tatsache, daß wir gebunden sind, zu fühlen – die Tatsache, nicht das Wort –, dieses Fühlen formt das Gehirn nicht, fügt es nicht in eine Form. Doch sobald man sich davon entfernt, das heißt, wenn das Denken sich von der Tatsache entfernt, dann ist gerade diese Bewegung des Sich-Entfernens, die Bewegung des Fliehens, nicht nur ein Zeitfaktor, sondern mit ihr beginnt schon die Anpassung des Gehirns an eine bestimmte Form.

Für den Buddhisten ruft das Wort Buddha, der Eindruck, das Bild ein großes Gefühl, ein Gefühl tiefer Verehrung und Frömmigkeit hervor. Er sucht Zuflucht bei dem Bild, das das Denken geschaffen hat. Und weil das Denken begrenzt ist, denn alles Wissen ist immer begrenzt, führt eben dieses Bild zum Konflikt, zum Gefühl der Verehrung einer Person, eines Symbols oder einer bestimmten altehrwürdigen Tradition. Doch das *Gefühl* der Verehrung selbst, losgelöst von allen äußeren Bildern, Symbolen und so weiter, trägt nicht zur Konditionierung des Gehirns bei.

Neben einem am Tisch saß ein gemäßigter Christ. Und wenn jemand gegenüber am Tisch Christus erwähnte, konnte man sofort die einschränkende religiöse Reserve spüren. Dieses Wort hat das Gehirn konditioniert. Es ist ganz erstaunlich, dieses ganze Phänomen der Kommunikation durch Worte zu beoachten; jede Rasse gibt dem

Wort ein anderes Gewicht, eine andere Bedeutung und schafft dadurch eine Trennung, eine Begrenzung des Gefühls, das die Menschheit erleidet. Das Leiden der Menschheit ist allgemein, es ist etwas allen Menschen gemeinsames. Der Russe drückt es auf die eine Weise aus, der Hindu, der Christ wieder auf eine andere und so weiter, doch die Tatsache des Leidens, das wirkliche Gefühl von Schmerz, Trauer, Einsamkeit, dieses Gefühl formt oder konditioniert das Gehirn niemals. So wird man sehr hellhörig, sehr gespürig für die Schattierungen eines Wortes, seiner Bedeutung, seines Gewichts.

Das universale, globale Gefühl aller Menschen und ihrer Beziehungen untereinander kann nur entstehen, wenn die Worte „Nation", „Stamm", „Religion" alle verschwunden sind. Entweder hat das Wort Tiefe, Bedeutung – oder es hat überhaupt keine. Für die meisten von uns haben Worte sehr wenig Tiefe, sie haben ihr Gewicht verloren. Ein Fluß ist nicht ein bestimmter Fluß. Die Flüsse, ob in Amerika, England, Europa oder Indien, sind alle Flüsse, doch sobald durch das Wort Identifikation entsteht, ist Trennung da. Und diese Trennung ist eine Abstraktione des Flusses, der Eigenschaft des Wassers, der Tiefe des Wassers, des Umfangs, des Fließens, der Schönheit des Flusses.

Donnerstag, 12. Mai 1983*

Es ist Morgendämmerung in diesen nördlichen Breiten. In diesen Breitengraden beginnt die Dämmerung sehr früh und hält lange an. Das gehört zum schönsten auf der Erde, der Beginn der Frühdämmerung, der Beginn eines neuen Tages.

Nach einer stürmischen Nacht, die die Bäume peitschte, die Blätter schüttelte und trockene Zweige abbrach, hatten die unaufhörlich jagenden Winde die Luft gereinigt, sie ist nun trocken. Die Frühdämmerung zog sich ganz langsam über die Erde; sie hatte etwas ganz eigenes heute morgen, gerade heute morgen – vielleicht wegen des gestrigen Sturmes. Doch die Dämmerung an diesem besonderen Tag war anders als an anderen Tagen. Sie war so vollkommen still. Man wagte kaum zu atmen, aus Angst, etwas zu stören. Das Laub war still, selbst die allerzartesten Blätter. Es war, als ob die ganze Erde den Atem anhielte, wie in tiefer Andacht. Und langsam berührte die Sonne die Gipfel der Berge, orange, gelb, und auf anderen Bergen waren Flekken von Licht. Und noch immer war tiefe Stille. Dann begannen die Geräusche – der Gesang von Vögeln, der Rotschwanzhabicht schwebte am Himmel, und die Taube begann ihr Trauerlied –, doch die Stille der Dämmerung lag noch über diesem Morgen, über der ganzen Erde.

Wenn man drüben unterhalb des Berges, quer durch das Tal, an Orangengärten und grünen Rasen, an großen schlanken Eukalyptusbäumen vorüberwandert, gelangt

* Krishnamurtis 88. Geburtstag

man an einen Hügel, auf dem viele Gebäude stehen. Es sind Institute für dies und jenes, und im Tal gibt es einen großen Golfplatz, schön und gepflegt, auf dem wir vor langer Zeit gespielt haben. Wir hatten den Platz, die Bunker vergessen, doch da ist er immer noch, sorgfältig gepflegt. Man sieht eine Menge Leute dort spielen, mit schweren Golftaschen. Früher hatte man eine Tasche mit nur sechs Schlägern, doch heute hat man etwa ein Dutzend. Es wird zu professionell, zu teuer.

Man geht weiter, bis man zu einem anderen Hügel kommt, und auch da befinden sich mehrere Institute, Stiftungen, Organisationen fast aller Art. Auf der ganzen Welt gibt es Dutzende von Institutionen, Foren, innen- und außengeleitete Gruppen. Wo man auch hingeht in der sogenannten freien Welt, gibt es jede Art von Institution, Organisation, Forum, die dies und jenes tun, um der Menschheit den Frieden zu bringen, die Natur zu schützen, die verschiedensten Tiere zu retten und so weiter. Es ist ganz verwirrend und ziemlich verbreitet heute – Gruppen für dies und Gruppen für jenes, jede Gruppe mit ihren eigenen Leitern, ihren eigenen Präsidenten und Sekretären, dem Mann, der damit begann und den anderen, die ihm folgten. Es ist ganz erstaunlich, alle diese kleinen Organisationen und Institute. Und langsam beginnen sie sich aufzulösen, das ist wahrscheinlich allen Institutionen eigentümlich, auch den Institutionen, die dem Menschen äußerlich helfen, wie die Institutionen für höhere Bildung. Die sind wohl notwendig, doch man ist ziemlich erstaunt über die vielen innengeleiteten Gruppen, die verschiedene Arten von Meditation betreiben. Das ist ein komisches Wort –

„innengeleitet" – wer ist der Leiter, und wohin leitet er? Ist der Leiter etwas anderes als das, wohin er leitet? Anscheinend stellen wir uns nie fundamentale Fragen.

Da gibt es Organisationen, die dem Menschen in der materiellen Welt helfen sollen, die von Menschen kontrolliert werden, die selbst ihre eigenen Probleme haben und ihre eigenen Ambitionen und Errungenschaften, die den Erfolg anbeten, doch das ist wohl fast unvermeidlich, und dasselbe geschieht seit Tausenden und Abertausenden von Jahren. Gibt es aber Institutionen, die den Menschen erforschen oder der Menschheit Frieden bringen? Helfen die verschiedenen Systeme, die auf gewissen Überzeugungen beruhen, tatsächlich der Menschheit? Offenbar glauben das all die Organisatoren auf der Welt, doch haben sie tatsächlich der Menschheit geholfen, frei zu sein von Kummer, Schmerz, Angst und von der Mühsal des Lebens? Kann eine äußere Instanz, wie nobel auch immer, wie tief auch immer eingebunden in irgendeine mystische, auf Ideen beruhende Tradition, den Menschen in irgendeiner Weise ändern?

Was wird grundlegend eine radikale Veränderung der Brutalität des Menschen bewirken, die Kriege beenden, die er durchgemacht hat, und den ständigen Konflikt, in dem er lebt? Wird Wissen ihm helfen? Wenn man das Wort Entwicklung mag – der Mensch hat sich durch Wissen entwickelt. Seit Urzeiten hat er eine große Menge Informationen gesammelt, Wissen über die Welt um ihn her, über ihm, vom Ochsenkarren bis zum Jet, vom Jet bis zum Mondflug und so fort. Das alles ist ein enormer Fortschritt. Doch hat dieses Wissen in irgendeiner Weise seine

Selbstsucht beendet, seine aggressive, rivalisierende Rücksichtslosigkeit? Wissen ist schließlich das Kennen und Verstehen aller Dinge auf der Welt, wie die Welt geschaffen wurde, die Errungenschaften des Menschen von Anfang an bis zum heutigen Tag. Wir sind alle gut informiert, einige mehr, andere weniger, doch innerlich sind wir sehr primitiv, fast barbarisch, wie kultiviert wir auch äußerlich sein mögen, wie gut informiert über viele, viele Dinge und wie fähig zu argumentieren, zu überzeugen, Entscheidungen zu treffen und Beschlüsse zu fassen. Dies kann äußerlich endlos so weitergehen. Es gibt Dutzende und Dutzende von Spezialisten aller Art, doch man fragt sich ernstlich: kann irgendeine äußere Instanz, Gott inbegriffen, dem Menschen helfen, seinen Schmerz, seine tiefe Einsamkeit, seine Verwirrung, Angst und all das zu beenden? Oder muß er immer damit leben, sich damit abfinden, sich daran gewöhnen und sagen, das gehört zum Leben? Die überwältigende Mehrheit der Menschheit auf der ganzen Welt erträgt es, akzeptiert es. Oder sie haben Institutionen, um zu etwas Jenseitigem zu beten – um für den Frieden zu beten, Demonstrationen für den Frieden zu veranstalten, doch es ist kein Friede in den Herzen der Menschen.

Was wird den Menschen ändern? Er hat endlos gelitten, gefangen im Netz der Angst, ständig dem Genuß nachjagend. Das war von jeher der Verlauf seines Lebens, und nichts scheint sich daran zu ändern. Statt zynisch über das alles zu sein oder bitter oder zornig: es ist so, das Leben *ist* so, und wir fragen, wie kann man das alles ändern? Sicher nicht durch eine äußere Instanz. Der Mensch muß sich dem stellen, ihm nicht ausweichen, es erforschen, ohne irgendwelche Hilfe zu suchen; er ist Herr seiner selbst. Er hat diese Gesellschaft geschaffen, er ist dafür verantwortlich, und diese Verantwortung fordert, daß er eine Veränderung in sich selbst vollbringt. Doch sehr wenige schenken dem Aufmerksamkeit. Was die große Masse der Menschen betrifft, deren Denken ist so völlig gleichgültig, verantwortungslos, sie suchen die Erfüllung ihres eigenen eigensüchtigen Lebens, sublimieren ihr Begehren, doch bleiben immer noch selbstsüchtig.

Dies alles zu sehen ist kein Pessimismus oder der Versuch, optimistisch zu sein. Man muß dies alles sehen. Und Du bist der einzige, der sich selbst ändern kann und die Gesellschaft, in der Du lebst. Das ist eine Tatsache, und Du kannst ihr nicht entkommen. Wenn Du dem entfliehst, dann wirst Du niemals Frieden auf dieser Erde haben, niemals eine bleibende Freude, ein wirkliches Gefühl.

Die Dämmerung ist vorbei, und ein neuer Tag hat begonnen. Es ist wirklich ein neuer Tag, ein neuer Morgen. Und wenn man umher sieht, dann staunt man über die Schönheit des Landes und der Bäume und über diese ganze Fülle. Es ist wirklich ein neuer Tag, und das Wunderbare daran ist, er ist da.

Brockwood Park, Hampshire*
Montag, 30. Mai 1983

Hier hat es seit mehr als einem Monat täglich geregnet. Wenn man aus einem Klima wie in Kalifornien kommt, wo die Regenzeit bereits seit mehr als einem Monat zu Ende ist, wo die grünen Felder trocken und braun geworden sind und die Sonne schon sehr heiß war (es war über dreißig Grad und wird noch heißer werden, obwohl es einen milden Sommer geben soll), – wenn man aus diesem Klima kommt, ist es ziemlich überraschend, das grüne Gras zu sehen, die herrlichen grünen Bäume und die Blutbuchen, deren helles Braun sich ausbreitet und allmählich, wenn der Sommer kommt, immer dunkler wird. Sie so zwischen den grünen Bäumen zu sehen, ist eine Freude. Sie werden sehr dunkel werden, wenn der Sommer kommt. Diese Erde ist sehr schön. Erde, ob Wüste oder bedeckt mit Obstbäumen und grünen, prächtigen Feldern, ist immer schön.

Über die Felder gehen mit den Rindern und jungen Lämmern und im Wald mit dem Gesang der Vögel, ohne einen einzigen Gedanken im Kopf, nur die Erde, die Bäume, die Schafe betrachten und den Kuckuck und die Waldtauben rufen hören; gehen ohne ein Gefühl, eine Stimmung, nur die Bäume und die ganze Erde betrachten: wenn man so betrachtet, lernt man sein eigenes Denken kennen, ist seiner eigenen Reaktionen gewahr, erlaubt keinem einzigen Gedanken zu entschlüpfen, bevor man ver-

* Vom 14. bis 22. Mai fand ein Treffen in Ojai statt. Krishnamurti hielt dort vier Reden und Frage- und Antworttreffen. Am 27. Mai flog er nach England zu einem Aufenthalt in seiner Schule in Brockwood Park.

standen hat, weshalb er kam, was ihn verursacht hat. Wenn man wachsam ist und keinen Gedanken entkommen läßt, dann wird das Gehirn ganz still. Dann beobachtet man in großer Stille, und diese Stille ist von einer außerordentlichen Tiefe, einer bleibenden, unzerstörbaren Schönheit.

Der Junge war gut im Sport, sogar sehr gut. Er war auch ein guter Schüler; es war ihm ernst. Und eines Tages kam er zu seinem Lehrer und sagte: „Sir, kann ich mit Ihnen sprechen?" Der Lehrer sagte: „Ja, gerne, laß uns spazieren gehen." Also sprachen sie miteinander. Es war ein Gespräch in beiderseitigem Respekt, und da es dem Erzieher ebenfalls ernst war, war die Unterhaltung angenehm, freundlich, und sie hatten vergessen, daß sie Lehrer und Schüler waren; die Rangordnung war vergessen, die Bedeutung eines Wissenden als Autorität gegenüber dem anderen, der Fragen hat.

„Sir, ich möchte wissen, was das alles für einen Sinn hat, warum ich zur Schule gehe, welche Rolle das spielen wird, wenn ich erwachsen bin; was ist meine Aufgabe in dieser Welt, warum muß ich studieren, warum soll ich heiraten, und wie wird meine Zukunft sein? Natürlich ist mir klar, daß ich studieren und irgendwelche Examen machen muß, und ich hoffe, ich bestehe sie auch. Wahrscheinlich werde ich eine Anzahl von Jahren leben, vielleicht fünfzig, sechzig oder mehr, und in all den künftigen Jahren, wie wird mein Leben verlaufen und das der Menschen, die mir nahestehen? Was soll ich werden, und welchen Sinn haben die vielen Stunden über den Büchern und beim Unterricht? Es könnte zu einem verheerenden Krieg kommen, wir könnten alle

getötet werden. Wenn der Tod alles ist, was uns erwartet, was ist dann der Sinn der ganzen Erziehung? Bitte, ich frage dies in allem Ernst, denn ich habe die anderen Lehrer und Sie selbst schon über diese Dinge sprechen hören.“

„Ich möchte, daß wir uns eine Frage nach der anderen vornehmen. Du hast viele Fragen gestellt, hast verschiedene Probleme aufgeworfen. Laß uns also die vielleicht wichtigste Frage zuerst vornehmen: Was ist die Zukunft der Menschheit, und was ist Deine eigene? Wie Du weißt, sind Deine Eltern ziemlich wohlhabend, und sie wollen Dir natürlich auf jede ihnen mögliche Weise helfen. Wenn Du heiratest, geben sie Dir vielleicht ein Haus, kaufen Dir ein Haus mit der ganzen Einrichtung, und Du bekommst vielleicht eine nette Frau – vielleicht. Was wirst Du also sein? Ein gewöhnlicher, mittelmäßiger Mensch? Bekommst eine Anstellung, findest Dich ab mit all den Problemen um Dich her und in Dir selbst – ist das Deine Zukunft? Natürlich, ein Krieg könnte kommen, aber vielleicht auch nicht. Hoffen wir, daß es nicht geschieht. Hoffen wir, daß die Menschen erkennen, daß Kriege gleich welcher Art niemals menschliche Probleme lösen können. Die Menschheit könnte sich verbessern, könnte bessere Flugzeuge und so weiter erfinden, doch Kriege haben niemals menschliche Probleme gelöst, und sie werden es niemals tun. Vergessen wir zunächst einmal, daß wir alle durch die Verrücktheiten der Supermächte vernichtet werden könnten, durch die Verrücktheit von Terroristen oder irgendeines Demagogen in irgendeinem Land, der seine vermeintlichen Feinde vernichten will. Laß uns all das für den Augenblick vergessen. Laß uns überlegen, was Deine Zukunft sein wird, und dabei bedenken, daß Du ein Teil der übrigen Welt bist. Was wird Deine Zukunft sein? Wie ich be-

reits fragte, wirst Du ein mittelmäßiger Mensch sein? Mittelmäßigkeit heißt, den halben Weg den Berg hinaufzugehen, den halben Weg in allem, niemals bis zum Gipfel des Berges zu gehen oder all Deine Energie, all Deine Fähigkeiten einzusetzen, niemals das äußerste von Dir selbst zu verlangen.

Du mußt freilich auch feststellen, daß aller mögliche Druck von außen auf Dich ausgeübt wird, Druck, dieses oder jenes zu tun, all die zahlreichen engen religiösen, sektiererischen Druck- und Propagandamittel. Propaganda kann niemals die Wahrheit sagen, Wahrheit kann niemals propagiert werden. Hoffentlich ist Dir klar, daß Druck auf Dich ausgeübt wird – von Deinen Eltern, Deiner Gesellschaft, der Tradition – ein Wissenschaftler, ein Philosoph, ein Physiker, ein Mann der Forschung auf irgendeinem Gebiet oder ein Geschäftsmann zu sein. Wenn Du das erkennst, und das mußt Du in Deinem Alter, welchen Weg wirst Du einschlagen? Wir haben über diese Dinge mehrere Semester lang gesprochen, und wahrscheinlich, nehme ich an, hast Du darüber nachgedacht. Und jetzt, wo wir Zeit haben auf diesem Spaziergang um den Hügel, frage ich Dich, nicht als Lehrer, sondern aus Zuneigung, als ein ehrlicher Freund, wie sieht Deine Zukunft aus? Selbst wenn Du Dich bereits entschlossen hast, gewisse Prüfungen abzulegen und eine bestimmte Laufbahn, einen guten Beruf zu wählen, dann mußt Du Dich noch immer fragen, ist das alles? Selbst wenn Du einen guten Beruf hast, sogar ein einigermaßen angenehmes Leben, wirst Du viele Sorgen und Probleme haben. Wenn Du eine Familie hast, wie wird die Zukunft Deiner Kinder aussehen? Das ist eine Frage, die Du selbst beantworten mußt, und vielleicht können wir darüber sprechen. Du mußt an die Zukunft Deiner Kinder denken, nicht nur an Deine eigene, und an die Zukunft der Menschheit und vergessen, daß Du ein Deutscher, Franzose, Engländer oder Inder bist. Wir können darüber sprechen, aber bitte verstehe, daß ich Dir nicht sage, was Du tun sollst. Nur Narren geben Ratschläge, deshalb begebe ich mich nicht in diese Kategorie. Ich frage nur als Freund, ich hoffe, das verstehst Du; ich will Dich nicht drängen, lenken oder überreden. Was wird Deine Zukunft sein? Wirst Du schnell reifer werden oder langsam, mit Anmut und Sensibilität? Wirst Du mittelmäßig sein, selbst wenn Du in Deinem Beruf erstklassig bist? Du magst hervorragend sein, sehr gut in allem, was Du tust, doch was ich meine, ist die Mittelmäßigkeit des Geistes, des Herzens, die Mittelmäßigkeit Deines ganzen Seins."

„Sir, ich weiß wirklich nicht, wie ich diese Fragen beantworten soll. Ich habe nicht viel darüber nachgedacht. Doch wenn Sie mich fragen, ob ich so werden will wie alle Welt, mittelmäßig, das will ich bestimmt nicht. Ich spüre aber auch die Anziehungskraft der Welt. Und mir ist klar, daß ein Teil von mir das alles haben will. Ich will schon Spaß haben und glücklich sein, doch die andere Seite von mir sieht auch die Gefahr darin, die Schwierigkeiten, das Verlangen, die Versuchungen. Ich weiß deshalb wirklich nicht, was schließlich aus mir werden wird. Und außerdem, darauf haben Sie mich ja verschiedentlich hingewiesen, ich weiß selbst nicht, wer ich bin. Eines ist sicher, ich will auf keinen Fall ein mittelmäßiger Mensch mit kleinem Geist und Herzen sein, wenn auch vielleicht mit einem außergewöhnlich intelligentem Kopf. Ich kann Bücher studieren und eine Menge Wissen ansammeln, könnte aber trotzdem eine sehr begrenzte, enge Person sein. Mittelmäßigkeit, Sir, ist ein sehr gutes Wort, das Sie dafür gebraucht haben, und wenn ich darüber nachdenke, wird mir Angst – nicht vor dem Wort, sondern vor all dem, was Sie mir

über seine Bedeutung klargemacht haben. Ich weiß es wirklich nicht, und vielleicht wird es mir klarer, wenn ich mit Ihnen darüber spreche. Ich kann darüber nicht so leicht mit meinen Eltern sprechen. Wahrscheinlich haben sie die gleichen Probleme gehabt wie ich; sie mögen physisch reifer sein, aber vielleicht befinden sie sich in derselben Lage wie ich. Darf ich Sie deshalb bitten, bei anderer Gelegenheit, wenn Sie dazu bereit sind, mit Ihnen darüber zu sprechen? Ich bin wirklich ziemlich ängstlich, nervös und besorgt, ob ich fähig sein werde, mich all dem zu stellen und ihm standzuhalten und es durchzustehen, ohne ein mittelmäßiger Mensch zu werden.“

Es war ein ganz einzigartiger Morgen, wie es ihn nie zuvor gegeben hat. Die nahe Wiese, die stillen Buchen und der Pfad, der tiefer in den Wald hineinführt – alles war Stille. Da war kein Vogel, der zwitscherte, und die Pferde nahebei standen still. Ein Morgen wie dieser, so frisch und zart, ist etwas Seltenes. Es ist friedlich in diesem Teil des Landes, und alles war ganz still. Da war dieses Gefühl, dieses Bewußtsein absoluter Stille. Es war keine romantische Sentimentalität, keine poetische Phantasie. Es war und ist. Etwas ganz Einfaches ist das alles. Die Blutbuchen hoben sich an jenem Morgen in voller Pracht von den grünen Feldern ab, die sich bis in die Ferne ausdehnten, und eine Wolke voll von Morgenlicht glitt träge vorüber. Die Sonne kam gerade herauf, es war großer Friede und ein Gefühl von Anbetung. Nicht die Anbetung eines Gottes oder einer imaginären Gottheit, sondern eine Ehrfurcht, wie sie aus großer Schönheit geboren wird. An diesem Morgen könnte man alle die Dinge aufgeben, die man angesammelt hat, und still sein mit den Wäldern und den Bäumen und der stillen Wiese. Der Himmel war von einem blassen, zarten Blau, und weit entfernt, hinter den Feldern, rief ein Kuckuck, die Waldtauben gurrten, und die Amseln begannen ihren Morgengesang. In der Ferne hörte man ein Auto vorbeifahren. Wenn der Himmel von so ruhiger Lieblichkeit ist, wird es später wahrscheinlich regnen. Das ist immer so, wenn der frühe Morgen sehr klar ist. Doch an diesem Morgen war alles ganz besonders, etwas, das nie zuvor war und nie wieder sein konnte.

„Ich bin froh, daß Du aus eigenem Antrieb gekommen bist, ohne aufgefordert zu sein, und vielleicht können wir, wenn Du willst, mit unserer Unterhaltung über Mittelmäßigkeit und die Zukunft Deines Lebens fortfahren. Man kann in seinem Beruf hervorragend sein; wir sagen nicht, daß in allen Berufen Mittelmäßigkeit herrscht, ein guter Zimmermann braucht nicht mittelmäßig in seiner Arbeit zu sein, doch er könnte es in seinem täglichen inneren Leben, seinem Familienleben sein. Wir verstehen jetzt beide die Bedeutung dieses Wortes, und wir sollten gemeinsam die Tiefe dieses Wortes ergründen. Wir sprechen über die innere Mittelmäßigkeit, psychische Konflikte, Probleme und seelischen Nöte. Es kann große Wissenschaftler geben, die doch innerlich ein mittelmäßiges Leben führen. Wie wird also Dein Leben sein? In vieler Beziehung bist Du ein intelligenter Schüler, doch wie wirst Du Dein Gehirn gebrauchen? Wir sprechen nicht über Deine Karriere, das kommt später; was uns interessiert ist, wie Du leben wirst. Natürlich wirst Du kein Verbrecher im üblichen Sinne des Wortes werden. Du wirst auch, wenn Du klug bist, kein Unterdrücker werden, die sind zu aggressiv. Du wirst wahr-

scheinlich einen ausgezeichneten Beruf haben, ausgezeichnete Arbeit leisten, gleich was Du tun wirst. Also lassen wir das nun beiseite, doch innerlich, wie sieht Dein Leben aus? Innerlich, wie wird Deine Zukunft sein? Wirst Du wie alle Welt sein, immer dem Vergnügen nachjagen, immer von einem Dutzend psychischer Probleme geplagt?"

„Im Augenblick, Sir, habe ich keine Probleme, außer den lästigen Prüfungen, die ich ablegen muß. Sonst habe ich eigentlich keine Probleme. Ich habe eine gewisse Freiheit. Ich fühle mich glücklich, jung. Wenn ich all diese alten Leute sehe, frage ich mich, werde ich auch einmal so enden? Sie haben anscheinend doch gute Karrieren gehabt oder haben etwas getan, was sie wollten, aber trotzdem sind sie trübselig, stumpf geworden und scheinen niemals von den tieferen Fähigkeiten ihres Gehirns Gebrauch gemacht zu haben. Ich will bestimmt nicht so werden. Das ist nicht Eitelkeit, aber ich will etwas anderes für mich haben. Das ist kein Ehrgeiz. Ich will eine gute Karriere und all das, aber ich will auf gar keinen Fall so werden wie diese alten Leute, die alles verloren zu haben scheinen, was ihnen etwas bedeutete."

„Du willst vielleicht nicht so werden wie diese Leute, aber das Leben ist eine sehr anstrengende und grausame Angelegenheit. Es wird Dich nicht verschonen. Du wirst unter dem großen Druck der Gesellschaft stehen, ob Du nun hier lebst oder in Amerika oder in irgendeinem anderen Teil der Welt. Man wird Dich unaufhörlich bedrängen, so wie die anderen zu werden, eine Art Heuchler zu werden, Dinge zu sagen, die Du eigentlich nicht meinst, und wenn Du heiratest, kann auch das zu Problemen führen. Du mußt verstehen, daß das Leben eine sehr komplexe Angelegen-

heit ist – Du kannst nicht einfach dem nachgehen, was Du willst und eigensinnig darauf beharren. Diese jungen Menschen wollen etwas werden – Anwälte, Ingenieure, Politiker und so weiter, da ist ein Drang, ein zwanghaftes Streben nach Macht und Geld. Das ist es, was diese alten Leute, von denen Du sprichst, hinter sich haben. Sie sind verbraucht von den ständigen Konflikten, von ihren Begierden. Schau sie Dir an, die Menschen um Dich herum. Sie sitzen alle im selben Boot. Ein paar verlassen das Boot und wandern endlos und sterben. Andere suchen sich ein friedliches Plätzchen Erde und setzen sich zur Ruhe; andere gehen in ein Kloster, werden Mönche verschiedener Art, legen verzweifelte Gelübde ab. Die große Mehrheit, Millionen und Abermillionen, führen ein sehr kleines Leben, ihr Horizont ist äußerst begrenzt. Sie haben ihre Kümmernisse, ihre Freuden, und scheinen niemals zu entkommen oder sie zu verstehen und darüber hinaus zu gelangen. Da fragen wir uns also wieder, was wird unsere Zukunft, insbesondere Deine Zukunft sein? Natürlich bist Du viel zu jung, um tief in diese Frage einzudringen, denn Jugend hat nichts mit dem vollkommenen Verstehen dieser Frage zu tun. Du bist vielleicht Agnostiker, denn die Jugend glaubt an gar nichts, doch wenn Du älter wirst, wirst Du Dich irgendeiner Form religiösen Aberglaubens, religiösen Dogmas, religiöser Überzeugung zuwenden. Religion ist kein Opium, doch der Mensch hat die Religion nach seiner eigenen Vorstellung geschaffen, als blinden Trost, der Sicherheit gibt. Er hat Religion zu etwas vollkommen Unintelligentem und Unbrauchbaren gemacht, nicht zu etwas, womit man leben kann. Wie alt bist Du?"

„Ich werde neunzehn, Sir. Von meiner Großmutter werde ich etwas erben, wenn ich einundzwanzig bin, und vielleicht kann

ich, bevor ich auf die Universität gehe, reisen und mich ein wenig umsehen. Aber ich werde immer, wohin ich auch gehe, wie auch immer meine Zukunft aussehen wird, diese Frage mit mir herumtragen. Ich könnte heiraten, das werde ich wahrscheinlich auch, und Kinder haben, und dann kommt die große Frage – was wird ihre Zukunft sein? Ich weiß ungefähr Bescheid über das, was die Politiker überall auf der Welt tun. Ich halte das für ein häßliches Geschäft, also werde ich wohl nicht Politiker werden. Das ist mir so ziemlich klar, aber ich will einen guten Beruf haben. Ich möchte mit meinen Händen und mit meinem Kopf arbeiten, aber die Frage wird sein, wie werde ich nicht zu einem mittelmäßigen Menschen wie neunundneunzig Prozent der Welt? Also, Sir, was soll ich tun? Oh ja, ich weiß wie das ist mit den Kirchen und Tempeln, das alles hat für mich keine Anziehungskraft. Ich lehne mich eher gegen das alles auf – die Priester und die Hierarchie der Autorität –, doch wie kann ich vermeiden, ein gewöhnlicher, durchschnittlicher, mittelmäßiger Mensch zu werden?"

„Wenn ich etwas vorschlagen darf, frage nie und unter keinen Umständen „wie". Wenn Du das Wort „wie" gebrauchst, dann willst Du, daß Dir jemand sagt, was Du tun sollst, einen Führer, ein System, jemanden, der Dich an der Hand führt, und damit verlierst Du Deine Freiheit, Deine Fähigkeit zu beobachten, Deine eigenen Aktivitäten, Deine eigenen Gedanken und Deine eigene Lebensweise. Wenn Du fragst „wie", wirst Du wirklich ein Mensch aus zweiter Hand; Du verlierst Deine Integrität und die angeborene Ehrlichkeit, Dich selbst zu betrachten, zu sein, was Du bist und über das, was Du bist, hinaus- und weiterzureichen. Nie, niemals frage „wie". Wir sprechen natürlich über das Psychische. Selbstverständlich mußt Du „wie" fragen, wenn Du

einen Motor zusammensetzen oder einen Computer bauen willst. Das mußt Du von jemandem lernen. Doch psychische Freiheit und Originalität kann nur entstehen, wenn Du Dir Deiner eigenen inneren Vorgänge bewußt bist, beobachtest, was Du denkst, und niemals einen Gedanken entkommen läßt, ohne sein Wesen, seinen Ursprung zu beobachten – zu beobachten, anzuschauen. Man lernt durch Beobachten viel mehr über sich selbst als aus Büchern oder von einem Psychologen oder einem vertrackten, gescheiten, gelehrten Wissenschaftler oder Professor.

Das wird sehr schwer sein, mein Freund. Es kann Dich hin- und herreißen, in viele Richtungen. Es gibt soviele sogenannte Versuchungen – biologische, soziale, und Du kannst von der Grausamkeit der Gesellschaft zerstört werden. Natürlich wirst Du selbständig werden müssen, aber das kannst Du nicht durch Gewalt, Entschlossenheit oder Wünschen erreichen, sondern es geschieht, indem Du das Falsche um Dich her und in Dir selbst zu sehen beginnst: die Gefühle, die Hoffnungen. Wenn Du zu sehen beginnst, was falsch ist, ist das der Anfang des Bewußtseins, der Intelligenz. Du mußt Dir selbst ein Licht sein, und das ist eines der schwersten Dinge im Leben."

„Sir, Sie haben mir das alles so schwierig dargestellt, so unheimlich kompliziert, überwältigend und beängstigend."

„Ich will Dich nur auf dies alles aufmerksam machen. Das heißt nicht, daß Tatsachen Dich zu ängstigen brauchen. Tatsachen sind da, um beobachtet zu werden. Wenn Du sie beobachtest, ängstigen Sie Dich niemals. Tatsachen sind nicht beängstigend. Doch wenn Du versuchst, ihnen auszuweichen, ihnen den Rükken zu kehren und davonzulaufen, dann ist das beängstigend.

Stehenzubleiben, zu sehen, daß das, was Du getan hast, vielleicht nicht ganz richtig ist, mit der Tatsache zu leben und sie nicht nach Deinem Belieben oder aufgrund eigener Reaktionsweisen zu interpretieren: das ist nicht beängstigend. Das Leben ist nicht ganz einfach. Man kann einfach leben, doch das Leben selbst ist unermeßlich und komplex. Es erstreckt sich von Horizont zu Horizont. Du kannst mit ein paar Kleidern und einer Mahlzeit am Tag leben, doch das ist nicht Einfachheit. Sei also einfach, lebe unkompliziert ohne Widersprüche und so weiter, sei eben nur innerlich einfach...

Du hast heute morgen Tennis gespielt. Ich habe Dir zugesehen, und ich finde, Du spielst recht gut. Vielleicht treffen wir uns wieder einmal. Das hängt von Dir ab.“

„Danke, Sir.“

Ojai, Kalifornien* Dienstag, 27. März 1984

Auf der Fahrt vom Flughafen durch die Gewöhnlichkeit großer Städte, die sich viele Meilen weit ausbreiten mit ihren grellen Lichtern und ihrem großen Lärm, dann über die Autobahn und durch einen kurzen Tunnel stieß man plötzlich auf den Pazifik. Es war ein klarer Tag ohne einen Windhauch, doch so früh am Morgen war die Luft noch frisch und unverschmutzt von Abgasen. Das Meer war ganz ruhig, fast wie ein unendlicher See. Und die Sonne kam gerade über den Hügel, und das tiefe Wasser des Pazifik hatte die Farbe des Nils, doch an den Rändern war es hellblau und leckte sanft die Ufer. Viele Vögel waren da, und in der Ferne sah man einen Wal.

Die Küstenstraße entlang sah man an diesem Morgen nur wenige Autos, doch Häuser überall; hier lebten wohl sehr reiche Leute. Und man sah die lieblichen Hügel zur Linken, wenn man am Pazifik ankam. Da standen Häuser hoch zwischen den Hügeln, und die Straße wand sich am Meer entlang und stieß wieder auf eine andere Stadt, doch glücklicherweise führte die Autobahn nicht durch sie hindurch.

Dort befand sich ein Marinestützpunkt mit seinen modernen Mitteln zur Tötung der Menschheit. Und man fuhr

* Am 6. Juni 1983 erlitt Dorothy Simmons, die Direktorin der Brockwood Park School, einen Herzanfall. Danach war Krishnamurti zu sehr mit Schulangelegenheiten beschäftigt, um weiterdiktieren zu können. Am 1. Juli fuhr er nach Saanen in der Schweiz zu dem jährlichen internationalen Treffen. Am 15. August kehrte er nach Brockwood zurück zu einem dortigen Treffen, und am 22. Oktober flog er nach Delhi. Erst am 22. Februar 1984 kehrte er nach Ojai zurück. Leider diktierte er danach nur noch drei weitere Abschnitte.

vorüber und bog rechts ein, ließ das Meer hinter sich, und nach den Ölquellen entfernte man sich weiter vom Meer, durch Orangengärten, an einem Golfplatz vorüber zu einem kleinen Städtchen: die Straße wand sich zwischen Orangengärten, und die Luft war erfüllt vom Duft der Orangenblüten. Und alle Blätter an den Bäumen schimmerten. Das Tal erschien so friedlich, so ruhig, fern von all den Massen, von Lärm und Gewöhnlichkeit. Dieses Land ist so schön, so weit – mit seinen Wüsten, schneebedeckten Berggipfeln, Dörfern, großen Städten und noch größeren Flüssen. Das Land ist wunderbar schön, weit, allumfassend.

Wir kamen zu jenem Haus, das noch ruhiger, noch schöner war, kürzlich erbaut und von der besonderen Sauberkeit, die man in Stadthäusern nicht findet. Da waren Rosen und viele andere Blumen. Ein Haus, in dem man still sein, nicht nur vegetieren, sondern wirklich tief innerlich still sein kann. Stille ist ein großer Segen, sie reinigt das Gehirn, gibt ihm Vitalität, und diese Stille erzeugt eine große Energie, nicht nur die Energie des Denkens oder die Energie von Maschinen, sondern die unverdorbene Energie, die vom Denken unberührt ist. Es ist die Energie, die unermeßliche Kräfte und Fähigkeiten hat. Und dies ist ein Ort, wo das Gehirn, das sehr aktiv ist, still sein kann. Eben diese intensive Aktivität des Gehirns hat die Eigenschaft und die Tiefe und die Schönheit der Stille.

Obwohl dies wiederholt gesagt wurde: Erziehung ist die Ausbildung des ganzen Gehirns, nicht eines Teiles, sie ist die ganzheitliche Bildung des Menschen. Eine höhere Schule oder ein Gymnasium sollte sowohl Naturwissenschaft als auch Religion unterrichten. Wissenschaft bedeutet tatsächlich die Kultivierung des Wissens, nicht wahr? Doch es ist die Wissenschaft, die den gegenwärtigen Spannungszustand in der Welt verursacht hat, denn sie hat durch Wissen das destruktivste Werkzeug hervorgebracht, das je von Menschen erfunden wurde. Es kann ganze Städte auf einen Schlag ausradieren. Millionen können in einer Sekunde vernichtet werden. Eine Million Menschen können atomisiert werden. Aber die Wissenschaft hat uns auch eine große Menge nützlicher Dinge gegeben: Kommunikation, Medizin, Chirurgie und unzählige kleine Dinge für den Komfort, zur Erleichterung des Lebens, so daß die Menschen sich nicht endlos abmühen müssen, um Nahrung zu sammeln, zu kochen und so weiter. Und sie hat uns die moderne Gottheit, den Computer, verschafft. Man kann viele, viele Dinge aufzählen, die die Wissenschaft hervorgebracht hat, um den Menschen zu helfen und auch um sie zu zerstören, die ganze Menschenwelt und die unermeßliche Schönheit der Natur zu zerstören. Regierungen benutzen Wissenschaftler, und Wissenschaftler lassen sich gerne von Regierungen benutzen, denn dann haben sie eine Stellung, Geld, Anerkennung und so weiter. Die Menschen erhoffen sich auch von der Wissenschaft, daß sie den Frieden in der Welt herbeiführt, doch das ist fehlgeschlagen, so wie auch die Politik und die Politiker es nicht erreicht habe, ihnen totale Sicherheit zu geben und Frieden, um zu leben und nicht nur die Felder zu kultivieren, sondern auch ihr Gehirn, ihre Herzen und ihre Lebensweise, denn das ist die höchste Kunst.

Und die Religionen – die akzeptierten, traditionellen, oberflächlichen Religionen, Glauben und Dogmen – haben großen Schaden in der Welt angerichtet. Sie waren im Lauf der Geschichte verantwortlich für Kriege, die die Menschheit entzweiten – ein ganzer Kontinent mit sehr starken Glaubensgrundsätzen, Ritualen, Dogmen gegen einen anderen Kontinent, der nicht an die gleichen Dinge glaubt, nicht die gleichen Symbole, die gleichen Rituale hat. Das ist nicht Religion, es ist nur die Wiederholung einer Tradition endloser Rituale, die ihre Bedeutung verloren haben, außer daß sie einen gewissen Reiz ausüben; das alles ist zu einem großen Theater geworden. Religion ist etwas völlig anderes. Wir haben oft über Religion gesprochen. Das Wesen von Religion ist Freiheit, nicht um zu tun, was man will, das ist zu kindisch, unreif und widersprüchlich und führt nur zu großem Konflikt, zu Elend und Verwirrung. Freiheit jedoch ist etwas völlig anderes. Freiheit bedeutet, keinen Konflikt zu kennen, psychisch, innerlich. Und in der Freiheit wird das Gehirn ganzheitlich, nicht in sich selbst fragmentiert. Freiheit bedeutet aber auch Liebe und Mit-Gefühl, und es gibt keine Freiheit ohne Intelligenz. Intelligenz ist von Mit-Gefühl und Liebe nicht zu trennen. Wir können uns endlos darin vertiefen, nicht verbal oder intellektuell, sondern indem wir innerlich auf diese Weise leben.

In einer Oberschule oder einem Gymnasium bedeutet Wissenschaft Wissen. Wissen kann endlos erweitert werden, doch dieses Wissen ist immer begrenzt, denn Wissen basiert auf Erfahrung, und diese Erfahrung kann rein theoretischer oder hypothetischer Natur sein. Wissen ist notwendig, doch solange Wissenschaft die Aktivität einer gesonderten Gruppe oder einer gesonderten Nation ist, also eine stammesgebundene Aktivität, kann ein solches Wissen nur größere Konflikte, größere Vernichtung in der Welt herbeiführen, und genau das geschieht gegenwärtig. Das Wissen der Wissenschaft ist nicht zur Zerstörung von Menschen da, denn schließlich sind Wissenschaftler zunächst einmal Menschen, nicht nur Spezialisten; sie sind ehrgeizig, habgierig und verfolgen ihre eigene, persönliche Sicherheit wie alle anderen Menschen auf der Welt. Sie sind wie wir alle. Doch ihre Spezialisierung bringt neben manchen Vorteilen ungeheuere Zerstörung mit sich. Die letzten beiden großen Kriege haben das gezeigt. Die Menschheit scheint sich ständig zwischen Zerstörung und Wiederaufbau hin- und herzubewegen, – zerstören und aufbauen –, Menschen zu vernichten und eine noch größere Bevölkerung in die Welt zu setzen. Doch wenn alle Wissenschaftler auf der Welt ihre Instrumente niederlegten und sagten: „Wir wollen nicht dazu beitragen, Krieg zu führen, um die Menschheit zu vernichten", dann könnten sie ihre Aufmerksamkeit, ihr Können, ihr Engagement dafür einsetzen, eine bessere Beziehung zwischen Natur und Menschen herbeizuführen.

Wenn ein wenig Friede zwischen einigen Menschen herrscht, dann werden diese wenigen, nicht unbedingt die Elite, alle ihre Kräfte einsetzen, um eine andere Welt zu schaffen. Dann können Religion und Wissenschaft sich vereinen.

Religion ist eine Art Wissenschaft. Das bedeutet, zu wissen und über alles Wissen hinauszugelangen, die Natur und die Unendlichkeit des Alls zu verstehen, nicht durch ein Fernrohr, sondern durch die Grenzenlosigkeit des Geistes und des Herzens. Und diese Grenzenlosigkeit hat nicht das mindeste mit organisierter Religion zu tun. Wie leicht kann der Mensch zum Werkzeug seines eigenen Glaubens werden, seines eigenen Fanatismus, einem Dogma ergeben, das keine Realität besitzt. Kein Tempel, keine Moschee, keine Kirche besitzt die Wahrheit. Sie sind vielleicht Symbole, doch Symbole sind nicht das Eigentliche. Bei der Verehrung eines Symbols verliert man das Reale, die Wahrheit. Doch unglücklicherweise wird dem Symbol weit mehr Bedeutung beigemessen als der Wahrheit. Man verehrt das Symbol. Alle Glaubensgrundsätze entzweien, seien es nun politische oder religiöse Glaubensgrundsätze.

Wo es Zwiespalt gibt, entsteht Konflikt. Und eine höhere Schule ist kein Ort für Konflikte. Sie ist ein Ort, dazu bestimmt, die Kunst des Lebens zu lernen. Diese Kunst ist die größte, sie ist größer als alle anderen Künste, denn diese Kunst berührt den ganzen Menschen, nicht nur einen Teil von ihm, wie angenehm dies auch sein mag. Und in einer Schule dieser Art – wenn der Erzieher sich dieser Aufgabe verpflichtet hat, nicht als einem Ideal, sondern als Tatsache des täglichen Lebens –, verpflichtet, wir wiederholen, nicht einem Ideal, einer Utopie, einer edlen Überzeugung – dann kann er wirklich versuchen, mit dem menschlichen Gehirn eine Lebensmöglichkeit zu finden, die nicht in Problemen, Kämpfen, Konflikt und Schmerz befangen ist. Liebe ist nicht eine Bewegung des Schmerzes, der Ängste, der Einsamkeit – sie ist zeitlos. Und der Erzieher, wenn er dabei bleiben würde, könnte dem Schüler bei der Vermittlung von Wissen diesen wahrhaft religiösen Geist einflößen, der alles Wissen weit übersteigt, der vielleicht das Ende allen Wissens ist – nicht vielleicht – er *ist* das Ende des Wissens. Denn man muß frei sein von Wissen, um zu verstehen was ewig ist, was zeitlos ist. Wissen ist zeitlich, und Religion ist frei von der Bindung an die Zeit.

Es erscheint so dringlich und wichtig, daß wir eine neue Generation hervorbringen, schon ein halbes Dutzend Menschen auf der Welt würde alles völlig verändern. Doch der Erzieher bedarf der Erziehung. Es ist der wichtigste Beruf auf der Welt.

Mittwoch, 28. März 1984

Der Pazifik hat eigentlich keine starken Gezeiten, zumindest nicht auf dieser Seite des Pazifik, an der kalifornischen Küste. Es ist eine sehr kleine Flut, sie kommt herein und zieht sich zurück, ganz anders als die mächtigen Fluten, die mehrere hundert Meter zurückweichen und dann hereinbrausen. Es klingt ganz anders, wenn die Flut hinausgeht, wenn die Wasserflut zurückweicht, als wenn sie hereinkommt mit einer gewissen Wut, einem Klang ganz anderer Art als der Klang des Windes in den Blättern.

Jedes Ding scheint seinen eigenen Klang zu haben. Der Baum auf dem Feld in seiner Einsamkeit hat den eigentümlichen Klang des Getrenntseins von allen anderen Bäumen. Die großen Mammutbäume haben ihren besonderen, dunkel nachhaltigen, uralten Klang. Die Stille hat ihren eigentümlichen Klang. Und natürlich hat das endlose tägliche Geschwätz der Menschen über ihre Geschäfte, ihre Politik und ihren technischen Fortschritt und so weiter seinen eigenen Klang. Ein wirklich gutes Buch hat seine besonderen Klangschwingungen. Auch die unermeßliche Leere hat ihren pochenden Klang.

Ebbe und Flut der Gezeiten sind wie menschliche Aktion und Reaktion. Unsere Handlungen und Reaktionen sind so schnell. Es gibt kein Innehalten, bevor die Reaktion erfolgt. Eine Frage kommt auf, und sofort, augenblicklich, sucht man nach einer Antwort, der Lösung eines Problems. Es gibt keine Pausen zwischen der Frage und der Antwort. Wir sind nämlich selbst Ebbe und Flut des Lebens – das Außen und das Innen. Wir versuchen, eine Beziehung zum Außen aufzubauen, weil wir denken, daß das Innere etwas anderes ist, etwas, das mit dem Äußeren nicht zusammenhängt. Doch tatsächlich ist die Bewegung des Außen zugleich das Fließen des Inneren. Sie sind ein und dasselbe, wie die Fluten des Meeres, diese ständige, rastlose Bewegung des Äußeren und des Inneren, die Antwort auf die Herausforderung. Dies ist unser Leben. Zuerst bringen wir etwas aus dem Inneren hervor, und dann wird das Innere zum Sklaven des Äußeren. Die Gesellschaft, die wir geschaffen haben, ist das Außen, und dann wird das Innere zum Sklaven dieser Gesellschaft. Und die Auflehnung gegen das Außen ist dasselbe wie die Auflehnung des Inneren. Diese ständige Bewegung von Ebbe und Flut, rastlos, unruhig, angstvoll, kann diese Bewegung jemals enden? Natürlich sind Ebbe und Flut des Meeres völlig unabhängig von dieser Ebbe und Flut des Außen und Innen, vom Inneren, das zum Äußeren wird und dann vom Äußeren das Innere zu kontrollieren versucht, weil das Äußere zum einzig Wichtigen geworden ist; dann kommt die Reaktion des Inneren auf diese Wichtigkeit. So sind wir gewohnt zu leben, ein Leben ständiger Schmerzen und Freuden.

Anscheinend begreifen wir nie, daß diese Bewegung nur eine einzige Bewegung ist, außen und innen sind nicht zwei verschiedene, voneinander getrennte Bewegungen. Die Fluten des Meeres weichen zurück vom Ufer, dann kommt dasselbe Wasser herein, schlägt peitschend an die Ufer, die Klippen. Da wir das Äußere vom Inneren getrennt haben, entsteht Widerspruch, der Widerspruch erzeugt Konflikt und Schmerz. Diese Trennung des Äußeren vom Inneren ist so unwirklich, so illusorisch, doch halten wir das Äußere völlig getrennt vom Inneren. Das ist wohl eine der Hauptursachen von Konflikten, doch offenbar lernen wir nie – lernen heißt nicht, auswendig lernen, es ist das Lernen, das eine ständige Bewegung ist, – lernen wir nie, ohne diesen Widerspruch zu leben. Das Außen und das Innen sind eins, eine geeinte Bewegung, nichts Getrenntes, sondern ein Ganzes. Das kann man vielleicht intellektuell verstehen, doch wenn man mit Begriffen lebt, lernt man niemals. Die Begriffe werden statisch. Man kann sie verändern, doch selbst die Umwandlung von einem Begriff in einen anderen ist noch immer statisch, ist noch immer starr. Doch fühlen, mit dieser Sensibilität zu sehen, daß Leben nicht eine Bewegung zweier voneinander getrennter Aktivitäten ist, der äußeren und der inneren, zu sehen, daß es eins ist, zu erkennen, daß die Wechselbeziehung diese Bewegung ist: Diese Ebbe und Flut von Leid und Freude, Glücksgefühl und Depression, Einsamkeit und Zerstreuung, dieses Leben als Ganzes ohne Worte wahrzunehmen, nicht bruchstückhaft, nicht fragmentarisch – das ist Lernen. Das zu lernen ist jedoch keine Frage der Zeit, es ist kein allmählicher Prozeß, denn dann wird die Zeit wieder etwas Trennendes. Zeit wirkt als Fragmentierung des Ganzen. Doch sieht man diese Wahrheit im Augenblick, dann ist es da, Aktion und Reaktion, endlos – dieses Hell und Dunkel, das Schöne und das Häßliche.

Das was ganz ist, ist frei von Ebbe und Flut des Lebens, von Aktion und Reaktion, Schönheit hat kein Gegenteil. Haß ist nicht das Gegenteil von Liebe.

Mittwoch, 30. März 1984

Auf einem Gang über die gerade Landstraße, an einem lieblichen Morgen, es war Frühling, und der Himmel war ungewöhnlich blau, ohne eine einzige Wolke darin, und die Sonne gerade warm, nicht zu heiß. Es war ein angenehmes Gefühl. Und die Blätter glänzten, und ein Funkeln war in der Luft. Es war wirklich ein ganz besonders schöner Morgen. Da stand der hohe Berg, undurchdringlich, und die Hügel darunter waren grün und lieblich. Und als Du ruhig dahergingst, fast gedankenlos, sahst Du ein totes Blatt, gelb und leuchtend rot, ein Blatt vom Herbst. Wie schön war das Blatt, so einfach in seinem Tod, so lebendig, voll von der Schönheit und Vitalität des ganzen Baumes und des Sommers. Seltsam, daß es nicht verwelkt war. Wenn man es genauer betrachtete, sah man all seine Adern und den Stengel und die Form des Blattes. Dieses Blatt war der ganze Baum.

Warum sterben die Menschen so kläglich, so unglücklich, an Krankheit, hohem Alter, Senilität, der Körper eingeschrumpft, häßlich? Warum können sie nicht natürlich sterben und so schön wie dieses Blatt? Was stimmt mit uns nicht? Trotz aller Ärzte, Medikamente und Krankenhäuser, all der Operationen und der Qualen des Lebens wie auch seiner Freuden, scheinen wir nicht fähig zu sein, in Würde und Einfachheit zu sterben, und mit einem Lächeln.

Als man einst einen Pfad entlang ging, hörte man hinter sich einen Gesang, melodisch, rhythmisch, mit der uralten Kraft des Sanskrit. Man blieb stehen und sah sich um. Ein ältester Sohn, nackt bis zur Hüfte, trug einen irdenen Topf, in dem ein Feuer brannte. Er trug ihn in einem anderen Gefäß, und hinter ihm gingen zwei Männer, die seinen toten Vater trugen, der mit einem weißen Tuch zugedeckt war, und sie alle sangen. Man kannte den Gesang, und fast stimmte man mit ein. Sie gingen vorbei, und man folgte ihnen. Sie gingen singend die Straße entlang, und der älteste Sohn weinte. Sie trugen den Vater zum Strand, wo sie bereits einen großen Holzstoß zusammengetragen hatten, und sie legten den Leichnam auf den Scheiterhaufen und zündeten ihn an. Das war alles so natürlich, so außerordentlich einfach: Da waren keine Blumen, kein Leichenwagen, keine schwarzen Kutschen mit schwarzen Pferden. Alles ging sehr still und mit großer Würde zu. Und man betrachtete dieses Blatt und die tausend Blätter des Baumes. Der Winter hatte das Blatt von seiner Mutter auf diesen Pfad gebracht, und es würde nun völlig vertrocknen und verwelken, verschwunden sein, vom Wind davongetragen und verloren.

Wie die Kinder in Mathematik, Schreiben, Lesen und dem ganzen Geschäft des Wissenerwerbs unterrichtet werden, so sollten sie auch von der großen Würde des Todes erfahren, Tod nicht als etwas Morbides, Trauriges, dem man am Ende entgegenblicken muß, sondern als etwas Alltägliches – alltäglich, wie das Betrachten des blauen Himmels und des Grashüpfers auf einem Blatt. Auch das gehört zur Erfahrung, wie das Zähnekriegen und all die Beschwerden der Kinderkrankheiten. Kinder sind von außerordentlicher Wißbegier. Wer das Wesen des Todes begreift, der erklärt nicht, daß alles stirbt, Staub zu Staub und so, sondern erklärt es ihnen furchtlos und behutsam und gibt ihnen

Gefühl, daß Leben und Sterben eins sind – nicht am Ende des Lebens nach fünfzig, sechzig oder neunzig Jahren, sondern daß der Tod ist wie dieses Blatt. Sieh die alten Männer und Frauen an, wie verbraucht, wie verloren, wie unglücklich und häßlich sie aussehen. Liegt es daran, daß sie weder das Leben noch das Sterben richtig verstanden haben? Sie haben das Leben verbraucht, sie vergeuden ihr Leben in endlosen Konflikten, die nur das Selbst, das „Ich“, das Ego beschäftigen und stärken. Wir verbringen unsere Tage in den verschiedensten Formen von Konflikten und Unglücklichsein, mit etwas Freude und Vergnügen, Trinken, Rauchen, langen Nächten und Arbeit, Arbeit, Arbeit. Und am Ende unseres Lebens begegnen wir dem, was man Tod nennt – und fürchten uns davor. Man denkt, er kann immer verstanden, tief empfunden werden. Einem Kind in seiner Wißbegier kann man verstehen helfen, daß Tod nicht nur der Verfall des Körpers durch Krankheit, Alter oder einen unerwarteten Unfall ist, sondern daß das Enden eines Tages an jedem Tag auch das Enden unserer selbst ist.

Es gibt keine Auferstehung, das ist Aberglaube, ein Glaubensdogma. Alles auf Erden, auf dieser schönen Erde, lebt, stirbt, wird und vergeht. Um diese ganze Bewegung des Lebens zu verstehen, bedarf es der Intelligenz, nicht der Intelligenz des Denkens, der Bücher, des Wissens, sondern der Intelligenz der Liebe und des Mit-Gefühls, mit der ihr eigenen Sensibilität. Ganz sicher, wenn der Erzieher die Bedeutung und die Würde des Todes, die besondere Einfachheit des Sterbens, versteht – nicht intellektuell, sondern zutiefst, – dann kann er wohl dem Schüler, dem Kind, vermitteln, daß das Sterben, das Enden, nicht etwas ist, dem man ausweichen muß, nicht etwas, vor dem man sich fürchten muß, denn es ist ein Teil unseres ganzen Lebens, so daß sich der Schüler, das Kind, wenn es erwachsen wird, niemals vor dem Ende fürchtet. Wenn alle Menschen, die vor uns gelebt haben, alle vergangenen Generationen, noch auf dieser Erde lebten, wie schrecklich wäre das. Der Anfang ist nicht das Ende.

Und man möchte helfen – nein, das ist das falsche Wort – man möchte in der Erziehung den Tod als eine Realität und Aktualität vermitteln, nicht als das Sterben eines anderen, sondern daß jeder einzelne von uns, wie alt oder jung er auch sei, sich unausweichlich dieser Sache stellen muß. Das ist kein trauriges Ereignis mit Tränen, Einsamkeit, Trennung. Wir töten so leichthin, nicht nur Tiere für unsere Nahrung, sondern da ist das große unnötige Töten zum Vergnügen, Sport genannt – wir töten ein Reh, weil Jagdsaison ist. Ein Reh zu töten ist das gleiche, wie seinen Nächsten zu töten. Man tötet Tiere, weil man der Natur entfremdet ist und allem Lebendigen auf dieser Erde. Man tötet in Kriegen für alle möglichen romantischen, nationalistischen, politischen Ideologien. Im Namen Gottes hat man Menschen getötet. Gewalt und Töten gehören zusammen.

Und wenn man jenes tote Blatt betrachtete, in all seiner Schönheit und Farbenpracht, vielleicht würde man zutiefst verstehen, wahrnehmen, wie der eigene Tod sein müßte, nicht ganz am Ende, sondern von Anbeginn an. Tod ist nichts Erschreckendes, dem man ausweichen, das man hinausschieben muß, sondern vielmehr etwas, mit dem man tagein, tagaus leben muß. Und daraus entsteht ein außerordentliches Gefühl des Unermeßlichen.

KRISHNAMURTI

Die Vorträge in Washington

Sechzig Jahre lang bereiste Krishnamurti die Welt, doch erst wenige Monate vor seinem Tode sprach er öffentlich in der Hauptstadt der USA. Wer persönlich diesen Vorträgen beiwohnen konnte oder sie auf Video verfolgte, erspürt, mit welchem inneren Engagement Krishnamurti seine „Zuhörer einlädt, mit ihm gemeinsam zu forschen und die Welt, wie wir sie geschaffen haben, anzuschauen".

An zwei Tagen im April des Jahres 1985 faßte er seine Gedanken in einmaliger Weise in äußerster Konzentration zusammen. Der Leser kann Krishnamurti in diesem kleinen Band in seinen Grundzügen begegnen. Er erlebt den kristallklaren Lehrer der Freiheit, Liebe und Intelligenz.

Eine ideale Einführung in das Denken Krishnamurtis und ein wertvoller Baustein für die Entdeckung der eigenen Verantwortlichkeit.

VIMALA THAKAR

Meine Begegnung mit Krishnamurti

Vimala Thakar darf mit Fug und Recht als eine der bedeutenden Frauengestalten Indiens in diesem Jahrhundert bezeichnet werden. Schon in ganz jungen Jahren begann sie ihren spirituellen Weg. Sie studierte unter äußerst harten Umständen, aß nur eine Mahlzeit am Tag und verdiente sich den Lebensunterhalt selbst. Nach dem abgeschlossenen Studium gründete sie eine Schule, die sie auch selbst leitete. 1953 schloß Vimala sich der „Landreform-Bewegung“ von Vinoba Bhave an, in der sie etliche Jahre mit Einsatz aller Kräfte arbeitete. Sie wurde erst durch einen schweren Autounfall in ihrem Engagement gestoppt. Sie erlitt eine schmerzhafte, nicht ausheilende Ohrverletzung, die noch dazu zu weitreichender Taubheit führte.

1956 war ein Schicksalsjahr für Vimala Thakar, als sie erstmals in ihrem Leben Krishnamurti traf. Sie besuchte seine Vorträge in Indien, lernte ihn persönlich kennen und wurde tief berührt von seinen revolutionären Gedanken. Als Krishnamurti von ihrer schweren Verletzung erfuhr, bot er ihr an, einen Versuch zu unternehmen, um das Ohr zu heilen. Sie willigte ein und gesundete. Sie wurde physisch und geistig transformiert.

Dieses Buch schildert den ergreifenden Wandlungsprozeß Vimala Thakars und die einmalige Ausstrahlung Krishnamurtis.

KRISHNAMURTI

Selbstgespräche
Das letzte Tagebuch

Kaum eine der großen religiösen, wissenschaftlichen oder politischen Persönlichkeiten unseres Jahrhunderts blieb von Krishnamurtis Philosophie unbeeindruckt. Von Aldous Huxley bis David Bohm, von Annie Besant bis Indira Ghandi reicht die Kette der Namen, die den epochalen Geist Krishnamurtis bewunderten.

In seinen letzten beiden Lebensjahren hielt Krishnamurti seine innersten Gedanken und tiefsten Gefühle fest, indem er sie entweder notierte oder auf Tonband sprach. So entstand ein einzigartiges letztes Dokument des revolutionärsten spirituellen Lehrers unseres Jahrhunderts.

Krishnamurtis Gedanken und Ausführungen gleichen eher tiefsinnigen Meditationen als intellektuellen Abhandlungen. Man wird bei der Lektüre unmerklich eingebunden in die Gedankensphäre eines erleuchteten Geistes. Das eigene Denken weitet sich und berührt einen neuen Freiraum.

Krishnamurtis „Selbstgespräche" sind ein zeitloses Buch. Man wird es immer wieder zur Hand nehmen können, um eine Inspiration oder meditative Anregung daraus zu schöpfen.

Ein Klassiker philosophischer Kontemplation!